KB267411

좋은병원들
좋은사람들
좋은시간들

태어나다

생명의 시작을 함께하는 공간

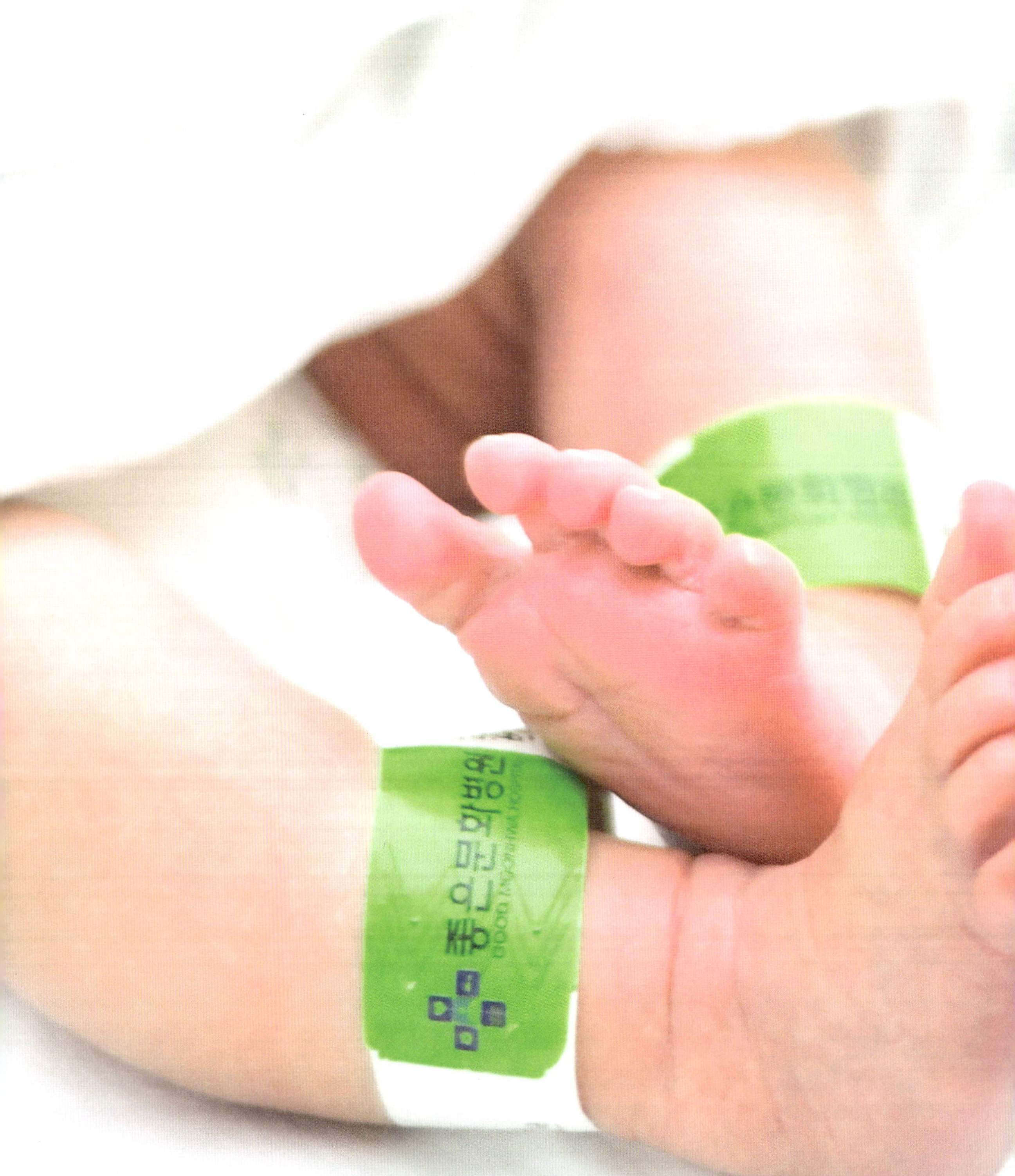

병원은 새로운 생명이 태어나는
감동의 순간이 일상이 되는 곳이다.
아기의 첫 울음소리와
의료진의 손길이 교차하며
생명의 기적이 펼쳐지는 공간이다.
출생율 변화와
난임 치료의 성과를 통해
병원이 품고 있는
생명의 가치를 보여준다.
가족이 시작되는 자리에서
병원의 역할이 더욱 빛난다.

병원의 역할과
생명의 시작

병원은 인간으로 태어나 삶의 주기가 시작되는 중요한 장소이자 공간이다. 삶의 다양한 흐름 가운데 무엇보다 **병원에선 생명이 시작되고 돌봄이 자리 잡는다.** 병원은 단지 탄생의 장소만은 아니다. 생명이 지속되기 위해 필요한 다양한 의료 행위가 이뤄지는 곳이기도 하다. 그 가운데서도 생명의 탄생은 의료 과학이 보살피는 핵심적인 영역이다. 그 무엇과도 비교하거나 바꿀 수 없는 생명과 그 탄생은, 오늘날은 물론 미래에도 중요한 의미를 지닐 것이다. **생명의 탄생은 언제나 현재이며 동시에 미래일 수밖에 없다. '자궁'이라는 몸의 장소에 '시간'을 부여하는 '손'이 더해져 생명의 탄생이 이루어지는 것이다.** 시간이자 공간이며 과학이자 축복의 손에 의해서.

은성의료재단 좋은병원들, 오늘을 있게 만드는 여러 가지 가운데 하나는 '산부인과'에 있다. 한때 부산에서 태어난 아이들의 절반은 문화숙 병원장 손을 거쳤다는 농담이 있을 정도로 그녀는 수많은 생명의 시작을 함께했고 그 기억은 지금도 많은 이들의 가슴 속에 남아있다. 그러니까, 누구나 문화숙 병원장의 딸, 아들인지도 모른다. 부산을 넘어 전국적으로 잘 알려져 있을 뿐 아니라, 해외에서도 대를 이어 진료를 받을 정도로 널리 알려져 있었다.

<좋은문화병원>이 이런 발취를 걸어온 것은 '문화숙'이라는 걸출한 산부인과 전문의가 병원을 이끌었기 때문이기도 할 것이다. 문화숙 병원장의 손을 거친 아이들이 무럭무럭 자라고 있으며 여성들 또한 건강을 잘 유지하고 있다. 세계 3대 인명사전인 '마르퀴즈 후즈 후(Marquis Who's Who)' 등재, 미국 내시경학회에서 매년 새로운 수술법 발표, 미국 산과학 교과서에 발표 논문이 인용되는 등 이러한 국제적인 사례는 문화숙 병원장의 역량을 보여주며, 곧 병원의 시스템에도 그 역량이 고스란히 녹아 들어 있다고 보아야 한다.

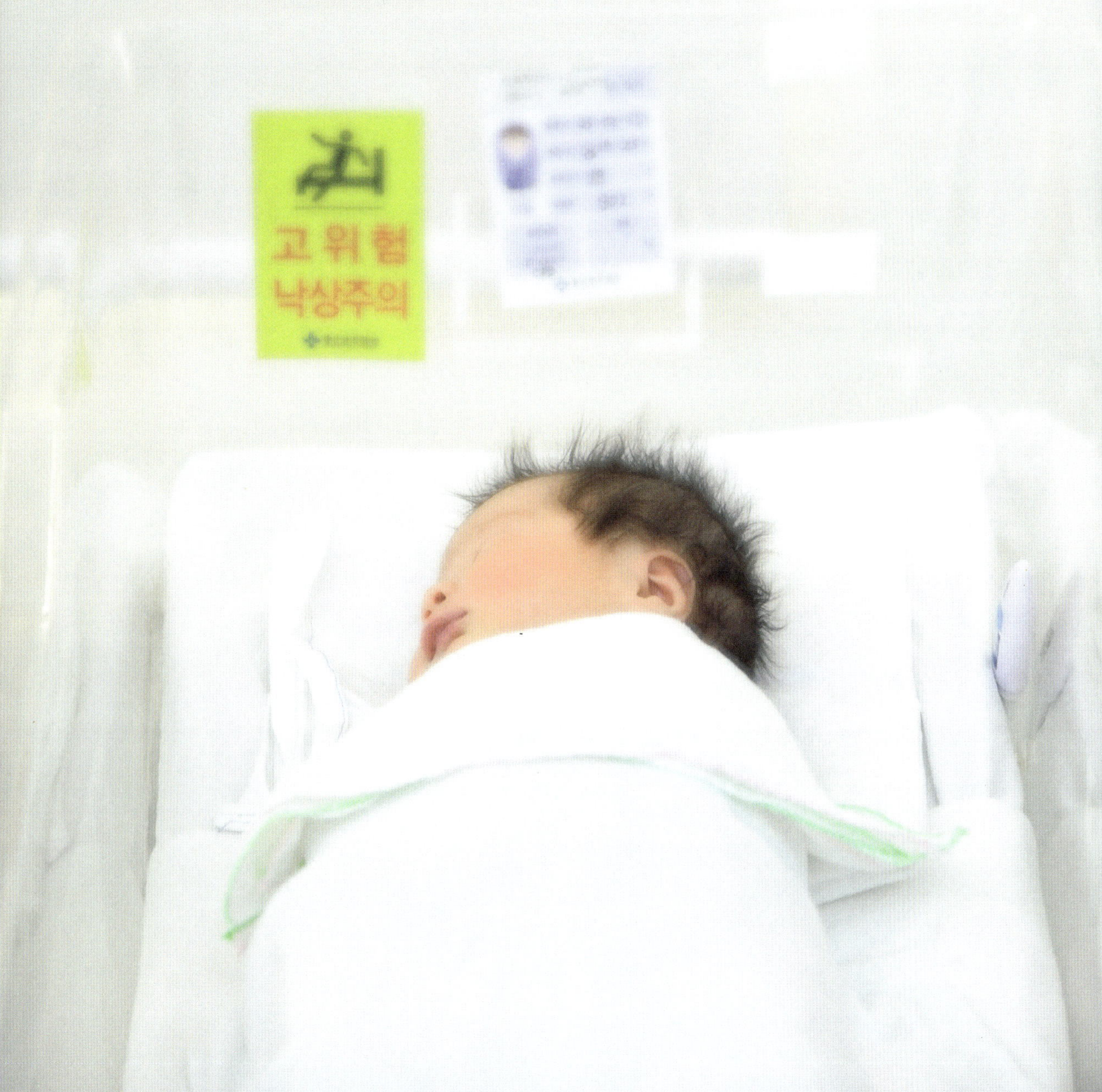

우리 시대의
거장
문화숙 병원장

산부인과가 우리나라 의학계에 안착한 이후 문화숙 병원장이 이룬 성취는 하나의 '고원(高原)'을 이룬다. 숫자로 다 헤아리기 어려울 정도의 임상사례에서부터 여전히 지속되고 있는 연구, 미국 의학계에서도 교과서에 올릴 정도의 국제적으로 확인된 실력, 세계적인 인명사전에 이름을 올린 명성까지, 어느 것 하나 빼놓기 어려울 정도이다. 더불어 지금도 의료 현장에서 직접 환자를 만나며 수술과 치료에 나서고 있어, 의사로서의 본분을 한순간도 소홀히 하지 않고 있다. 이런 대가가 지역과 글로벌을 아우르는 의학적 실천을 이루고 있을 때, 자기 스스로가 일종의 '상징'이 되고 있는 것도 우연일 수는 없을 것이다.

그런 점에서 문화숙 병원장이 쌓아올린 '고원'은 의학적인 차원에만 한정될 수 없다. 의료 현장은 사람과 부대끼는 자리이며 이 자리에서 이루어지는 사람들과의 접촉의 과정에서 문화숙 병원장은 환자들과 신뢰로 연결되며, 이들의 마음을 저 높이 펼쳐진 '고원'으로 이끈다. 달리 말해, 문화숙 병원장은 지역과 글로벌한 '상징'이

되었다고 해도 과언이 아니다. 1980년대 젊은 산모들에게 <좋은문화병원>은 각광을 받았다. 산모들이 좋은문화병원에서 아이를 출산했다는 것만으로도 서로 반가운 마음이 든다는 이야기를 듣는 것은 어려운 일이 아니었다. 문화숙 병원장의 이야기에 따르면 전국은 물론 해외에서 도움이 필요한 산모들이 찾아오고, 심지어 엄마와 딸이 대를 이은 분만도 많이 있다고 한다. 그만큼 좋은문화병원의 명성은 대단한 것이었다.

이 뿐만 아니라 환자들과의 만남의 과정에서 기쁨에서부터 눈물이나 분노, 허탈함과 같은 갖은 복잡한 감정적 기류들이 가로지르고 있었을 것이고, 그 과정을 넉넉한 품성으로 다 감싸안았을 것임은 짐작하고도 남음이 있다. 이는 문화숙 병원장의 '의료'가 탁월한 기술은 물론이고 '마음'으로도 이루어진다는 것을 의미하는 것이다. 따라서 의료 현장에서 지난 46년간 '아이'와 '엄마' 그리고 '여성'을 보살핀 문화숙 병원장의 '마음으로서 의료'는 측량되지 않는 '고원'이라고 해도 좋다. 출생의 과정과 여성 질환으로 인한 두려움과 걱정, 염려를 모두 자신에게 떠넘기라고 말하는 문화숙 병원장은 우리 시대의 거장인 셈이다.

원장님의 유년 시절엔 어떤 기억이 있으신지 궁금합니다.

국민학교 때였어요. 물에 빠져 죽을 뻔한 적이 있습니다. 수정동 뒤쪽 수정산 자락에 저수지가 있었는데, 거기서 종종 송사리를 잡고 놀았습니다. 고무신에 송사리를 잡아 담아오곤 했었죠. 어느 날 물 아래에 작은 송사리 말고 제법 큰 송사리가 보이는 거예요. 은근히 욕심이 나서 그걸 잡으려 저수지 안으로 슬슬 들어가다, 미끄러지는 바람에 그만 빠지고 말았죠. 당황은 했지만 이상하게도 빠져선 안 된다는 생각이 또렷했어요. 가까스로 돌 하나를 딛고 빠져나와 집으로 돌아가면서 어머니가 고생해 만들어주신 치마가 젖었다는 게 오히려 더 걱정이 되었어요. 그땐 몰랐지만, 나중에 '내가 죽지 않고 살아났구나'라는 생각이 들었어요. 다시 태어난 것과 다름없다는 자각이 생겼던 거지요. 그래서 앞으로 내 삶을 아낌없이 써야겠다고 생각했던 거 같아요. 그게 의미 있으려면 타인을 위해 써야겠다는 다짐이었던 거 같습니다.

대학진학을 의대로 결정하신 까닭이 있었을까요?

유년시절엔 막연하게 생각했던 것 같아요. 유관순을 주인공으로 한 영화를 보면서, 사회와 공동체에 기여하는 삶을 살아야겠다는 생각도 했었는데 영화가 끝났을 때, 나도 모르게 주먹을 불끈 쥐고 있더라고요. 한편으로는 선진문화를 배워야 한다는 의식도 있었어요. 그래서인지 중학교 다닐 때 유행했던 펜팔도 미국이나 독일에 사는 아이랑 하기도 했어요. 특히 영어를 열심히 해야겠다고 여겼어요. 언어는 문화를 담는 기초이기도 하니까요. 수잔이라는 친구는 지금도 펜팔을 주고받는 몇 안 되는 친구 중 한 명이에요. 생각해보면 고등학교 시절 영어 웅변대회에 나가 외친 첫번째 문장에서 의사로서의 미래를 결정했던 거 같아요.

원고의 첫번째 문장에 "사회와 공동체에 기여하는 길은 여러 가지가 있지만 나는 퀴리 부인처럼 과학자가 되고 싶다"고 말했던 기억이 또렷합니다. 과학자의 길을 꿈꾼 셈이지요. 당시 시대적 분위기에서 '여성'이 과학자가 되는 일은 쉽지는 않았죠. 그 시절엔 대부분 현모양처가 꿈이었죠. 여성이라고 해서 사회진출을 하지 않으면 손해라고 생각했었어요. 당시 어머니도 교사로 일을 하고 계셨습니다. 엄마도 하니까, 나도 할 수 있다고 자연스럽게 받아들인 생각들이 과학자이자 의사를 꿈꾸게 된 거 같아요.

현재 회장님과는 대학시절부터 만나게 되신 것으로 알고 있습니다. 어떤 연유로 회장님의 '고백'에 응하게 되셨는지 궁금합니다. 공부하기 바쁜 시기였을 텐데요.

사귀자 말자 그런 이야기도 없었어요. 의대 동기들이랑 같이 재미있게 놀고 그랬던 게 다예요. 요즘처럼 '우리 이제부터 1일' 이런 건 없었어요. 손을 잡고 다니고… 그런 거도 없었거든요. 시기로만 보면 본과 4학년 땐가, 같은 조에서 '임상'에 들어가면서 '그렇게 된' 거 같아요. 아주 자연스러운 '흐름'이었다고 할까요? 지금에 와서 생각해 보면, 과장되거나 요란한 연애보다는 삶의 곁을 함께 걷는다는 감각이 결혼으로 이어진 이끌림이었던 것 같아요. 동료이자 동반자로 함께 삶을 지속한다는 느낌이 좋았던 것 같습니다.

전공의 수련과 신혼생활을 병행하시느라 힘드셨을거라 짐작됩니다. 병원장님께서는 이 시기를 어떻게 기억하고 계실까요?

인턴은 부산에서 하고 레지던트를 서울 세브란스에서 했어요. 그 때는 못 만나는 게 오히려 자랑스러웠죠. 왜냐하면 세브란스는 아침 6시에 병원에 가면 밤 꼬박 새고 다음 날 10시에 집에 들어가는 스케줄이었어요. 그렇게 4년을 했는데, 자주 본다던가 하는 건 오히려 맞지 않는 상황이었어요. 그걸 다 견뎌낸 것이 스스로에게 대견한 일이었어요. 결혼을 한 뒤에는 신촌에 방을 얻어 살았는데, 주말조차 만나기 어려웠어요. 병원에 있는 시간이 오히려 더 많았으니까. 남편(구정회 회장)이랑 같이 못 있는 게 괴롭다기보다는, 매일 붙어사는 게 지겹지 않나 하는 느낌도 있었어요. 매일 함께하지 못하는 삶이 오히려, 사회적 역할을 하는 여성으로서의 자연스러운 모습이라는 생각이 들었어요.

서울에 있을 때, 무의촌 봉사를 김제에 갔었는데, 그때 좋았던 기억이 강하게 남아 있어요. 봉사활동에 대한 호의가 지역사회에 있어서 그랬는지 아니면 김제가 평야여서 그랬는지 정말 기름지고 좋은 밥에, 맛있는 국에, 먹거리 호강을 했던 기억이 강렬해요. 봉사가 아니라 성대한 대접을 받았다고나 할까요. 의사로서 더 잘해야 한다는 신념을 다지는 계기가 되었던 거 같아요.

학업을 모두 마친 뒤, '부산'에 다시 내려와야겠다고 결정한 이유가 있으시다면?

원래는 미국 유학을 생각했었어요. 선진의료를 경험하는 게 필요하다고 생각했던 거예요. 어릴 때 영어 공부를 열심히 한 것도 이제 빛을 발하나 싶었어요. '한미재단'에서 영어 시험을 치고 면접까지 보고 준비를 다 마쳤는데. 당시 고위 관료 자녀들이 유학을 핑계로 군대를 피하려다 문제가 되어, 군에 가지 않은 사람은 3년 동안 해외 출국이 제한되는 법이 만들어졌어요. 할 수 없이 남편이랑 미국행을 포기하게 되었어요. 사실 2년 동안 가려고 노력하다가 한국에 남자고 남편이 설득하는 바람에 결국 부산으로 오게 되었어요.

당시엔 산아제한 정책이 여전히 유효해서, 복강경으로 하는 난관결찰수술이 부산에서 처음 도입되어 시술하기 시작했어요. 부산의 산부인과 의사들에게 트레이닝을 많이 했습니다.

1978년에 문화숙산부인과를 '개원'하셨는데 그 무렵의 병원에서 일어났던 에피소드를 말씀해주시면 좋겠습니다. 육아와 일을 병행하기가 결코 쉽지 않았을 것 같습니다.

레지던트 2년차에 출산을 하고 딸 아이는 친할머니가 키워주셨어요. 둘째가 태어난 뒤에는 도우미를 구해 서울에서 키우다가 부산으로 온 거였어요. 부산에서 개원한 뒤 처음엔 작은 병원이었어요. 그땐 병원 식구들과 정말 '동고동락'하듯 지냈어요. 병원 직원들 가운데 원무과를 제외하고는 같이 먹고 자고 그랬죠. 둘째(구자성 이사장) 같은 경우에는 병원 식구들이 함께 키운 셈이에요.

그때 병원 문화는 오늘날과는 완전히 달랐어요. 전라도가 고향인 직원이 있었어요. 휴가 때 집에 갔다 오면서 닭 한 마리를 산 채로 갖고 오기도 했어요.

고향에서 감사하는 의미로 보낸 것이라면서 말이에요. 그만큼 주고 받는 정이 남다른 시절이었는데, 어떤 남자 환자분은 감사의 의미로 '담배 한 보루'를 주고 가시기도 했어요. 사소하지만 아름다운 풍경처럼 기억됩니다.

병원을 개원하신 시기가 한국사회와 '부산지역'이 혼란스러운 상황이었던 것으로 알고 있습니다. 또 병원의 위치가 대규모 시위대가 지나가는 중요한 길목이기도 했고요. 당시 상황과 관련해서 말씀해주실 에피소드가 있을지요?

시위대와 경찰이 맞붙는 살벌한 현장은 별로 없었던 거 같아요. 병원 인근에 고가도로(현재는 철거)가 있어서 그랬는지 오히려 교통사고가 많이 발생했고 사고 환자들이 병원에 오는 경우가 많았어요. 시위현장에서 다친 사람이 오는 경우가 기억에 남아 있지는 않네요.

그보다는 공장에서 다친 분들이 많이 왔습니다. 구정회 정형외과와 통합한 이후에는 공장에서 매일 몇 명씩 찾아왔죠. 심지어 손이 절단된 채 오는 분들도 있었어요. 그때는 기계화가 거의 되어 있지 않아서, 대부분의 작업을 노동자가 손으로 직접 해야 했거든요. 그 힘들었던 시간들이 모두 지금의 인프라를 이루는 밑거름이 되었겠지요.

문화병원은 병원장님 이름에서 유래한 것이면서도 '문화'라는 단어에 초점을 맞춰 좋은병원들 네트워크의 핵심 가치처럼 보입니다. 문화병원으로 이름을 바꾸게 된 이유가 있었다면 말씀해주시기 바랍니다.

남편은 복잡한 것도 쉽게 풀어내는데 탁월한 능력이 있어요. 구정회 정형외과와 한 건물을 쓰면서 한 쪽에는 '구정회정형외과', 다른 쪽에는 '문화숙산부인과'라 쓰인 간판을 함께 걸어두었어요. 옛날에 공중전화 부스가 입구에 있어서 정형외과 환자들조차도 입원을 하고 통화를 하면서 위치를 말할 때 "여기, 문화숙인데…"라고 말하는 경우가 많았어요. 구정회보다는 문화숙이 말하기 쉬웠던 거예요. 그래서 병원 이름을 '문화병원'으로 정하게 되었어요. 더 쉬운 쪽으로요. 마침 '문화방송(MBC)'도 있어서 익숙했고요.

1980년대 이후로는 어디 병원 출생인가라는 말이 일반화되었습니다. 그 당시 부산에서 병원장님의 손을 거친 아이들이 많아서, 당시엔 출생아의 상당수가 문화병원 출신이었다던데요. 이런 이야기를 들으면 어떠신지요?

저희는 후발주자였어요. 지금이야 일신기독병원과 좋은문화병원이 부산의 양대산맥처럼 여겨지지만, 당시엔 일신기독병원이 훨씬 큰 병원이었어요. 시간이 흐르면서 점차 병원도 자리 잡아 갔죠. 한창일 땐 한 달에 신생아 600여 명을 받기도 했어요. 1년이면 6~7천 명을 받았던 거지요. 우리 병원에 오는 산모는 '리드 와이프'라고 해서 더 젊고 세련된 느낌을 받았다고들 해요. 수술도 첨단 의료를 접목했기도 했고요. 제왕절개 같은 경우에도 흉터가 덜 남는 방식으로 수술해, 산모들의 만족도가 높았습니다. 그 이후로 꾸준히 첨단 의료를 받아들이면서 우리 병원의 산부인과가 세계적인 위치에 설 수 있었다고 자부합니다.

산부인과의 의료 방향이 바뀌고 있다는 소식도 있지만, 여전히 임신과 출산은 중요한 의료분야입니다. 변화하는 의료 환경과 인구변화 등에도 불구하고 임신과 출산의 과정에 어떤 것을 도입해야 하는지에 대한 의견을 말씀해주시면 좋겠습니다.

1980년대와 달리, 지금은 한 달에 전국적으로 약 20,000명 정도가 태어나는 걸로 알고 있어요. 저희 병원에서 120명 전후가 태어납니다. 산부인과병원 중

우리가 제일이지 않을까 싶어요. 출산율이 급감한 건 여러 요인이 있겠지만, 한편으로는 아이를 가지고 싶어 하는 부부들도 꽤 있습니다. 저는 이들이 가진 '염려'를 의사가 함께 짊어지는 것이 진료에서 중요한 덕목 중 하나라고 생각해요. 환자의 아픈 마음을 받아들이고, 고통과 불안을 덜어주는 것. 그리고 그 책임을 함께 떠안는 것. 그것이 의사로서의 역할이라고 생각해요 아픈 마음을 받아 안아서 고통과 불안을 해소해 주려고 하는 위치에서 진료하는 것과 그것을 책임지고 떠맡는 것이 의사로서 해야 할 역할이라고 생각해요. 그래서 제가 부부들에게 격려를 많이 하려고 하죠.

경제적인 문제가 아무래도 가장 중요한 것 같은데 요즘은 여성들도 사회활동을 하며 살림을 스스로 책임질 수 있잖아요. 옛날엔 그게 안 됐거든요. 이전엔 무조건 결혼해서 일가를 이루는 방식이 생존이었다면, 지금은 많이 달라졌습니다. 이런 사회 현상이 어떻게 또 바뀔지는 모르겠지만 현재로는 변화된 환경과 출산율을 연결하는 아이디어가 필요하다고 생각합니다. 그게 무엇인지 정확하게 말씀드리기는 어렵지만…. 여성들이 남편과 아이를 협력자이자 동반자로 만들어가는 방식을 고민해 보면 어떨까요. 그리고 양육 과정에서 부모의 책임감이 아이에게도 자연스럽게 전해져, 아이가 사회적 책임을 다할 수 있도록 자라나는 순환이 정말 중요하다고 생각해요. 이런 출산과 양육의 순환 구조가 잘 마련되어야 사회적 고립과 외로움도 극복할 수 있을 것입니다.

병원장님의 '현역'은 언제까지 일까요?

내가 흥미를 잃지 않는다면 현역이죠. 예를 들어, 눈이 침침해지고 잘 보이지 않으면 일을 못하겠지만, 다행히 아직 시력에는 문제가 없어요. 심지어 핸드폰을 보고 있으면 "병원장님, 그게 보입니까?"라고 묻는 사람도 있어요. 감사하게도 아직까지 잘 보이니까 현역을 유지하는 거 같아요. 또 미장원처럼 시간을 많이 뺏기는 곳에 갈 일이 적으니까, 그만큼 현역을 유지할 수 있는 것도 있는 거죠. 그리고 제 입장에선 병원이 재미있는 세상이기도 해요. 식구들은 빨리 집에 안 온다고 하지만, 저로선 집에 가도 할 일이 별로 없거든요. 밥을 해도 그게 진료보다 재미있거나 쉬운 일이 아니니까요. 제겐 병원 일이 더 쉬워요. 뭐든지 술술 잘 돌아가고 또 환자분들하고 이야기를 하면서 원인을 '추적'하는 과정이 재미있습니다. 환자분들의 행복이 나의 행복이니까, 그 행복한 시간을 많이 가지기 위해서, 현역을 유지할 수밖에 없어요. "행복한 시간을 가질래? 불행한 시간을 가질래?"라고 묻는다면 행복한 시간을 선택할 수밖에 없잖아요. 내가 몸이 너무 아프면 거기서 재미를 느낄 수 있는 여유가 없어지겠죠. 그럴 때쯤에는 그만두게 될 겁니다. 그렇지만 현재로서는 현역을 끝낼 생각이 없습니다.

마지막으로 병원을 방문하는 환자분들에게 인사말씀을 남겨주신다면.

환자분들께서 병으로 어려운 일이 있다거나 몸에 이상이 있거나 불안한 마음이 든다면 스스럼없이 그냥 방문하셔도 됩니다. 편안하게 응대해 드릴 테니까요. 걱정을 멀리 두고 오시면 좋겠습니다. 편안히 오셨다가 편안히 돌아가실 수 있는 병원이, 저희가 지향하는 모습입니다.

진료를 하다 보면 불안을 일으키는 문제가 드러날 때가 있어요. 그런 경우엔 편안하게, 최선을 다해 치료해드립니다. 혹시 복잡한 문제를 안고 오셔도 걱정 마세요. 지금껏 그런 상황들도 많이 겪어왔고, 잘 풀어드린 경험도 많거든요. 제가 끝까지 함께할 테니, 너무 염려하지 마시고 편한 마음으로 찾아오시면 됩니다.

좋은문
안전하고 행복한세상 119 가 열어가겠습니다
Dynamic BUSAN

탄생의 흐름을 보다

신생아 통계가 자칫 인구학적 위기를 보여주는 것처럼 보일 우려가 있다. 그럼에도 이 통계를 함께 싣는 것은 여전히 '미래'가 깃들어 있기 때문이다. 대략 25년간의 그래프가 하향곡선을 그리고 있더라도 숫자로 환원되지 않는 미래의 시간이 드리워져 있으며 사회의 지속 가능한 잠재력을 확인케 한다는 점에서 중요하다.

만약 이 그래프가 지역사회의 '위기의 징후'처럼 보인다면, '현재'를 안정화하고 살만한 사회로 만들어야 할 사람들이 무엇을 해야 하는지 생각하고 실천하도록 깊이 생각하는 지표로 삼았으면 한다. 아이들이 더 좋은 삶을 살아가도록.

난임 시술

좋은문화병원 / 2001-2024년

연도	IVF
2001	114
2002	157
2003	145
2004	89
2005	91
2006	200
2007	142
2008	100
2009	105
2010	181
2011	233
2012	194
2013	298
2014	395
2015	592
2016	749
2017	707
2018	652
2019	674
2020	828
2021	915
2022	835
2023	823
2024	931

'아이'는 선물이다. 예로부터 삼신할매가 점지하거나 새가 물어다 주는 것으로 표현되기도 하는 등, 귀하고 귀한 존재를, 부모를 넘어 사회나 세계가 받은 것으로 이해한 것이다. 아이를 갖고자 하는 부모들에게 난임을 극복하게 하고 '선물'을 받을 수 있도록 돌보는 과정은 신화를 넘어서 과학적인 접근이 필요하다. 물론 이 과정에서도 여전히 생명은 신비한 것이고 아이는 놀라운 존재라는 것은 말할 나위 없다. 닮았지만 다른 존재로서 아이의 탄생은 똑같은 시간이 반복되는 게 아니라, 적어도 사회와 세계의 역사가 다르게 흘러갈 것임을 암시해 주기 때문이다. 미래가 다른 시공간이고 아이는 그 시공간을 오롯이 간직한 존재가 된다. 좋은문화병원은 미래를 시작하게 하는 현재인 것이다.

난임 (불임)
부부가 정상적인 성생활을 하고 있음에도
불구하고 1년이 지나도 임신이 되지 아니하는 상태를 말한다.

IVF (In Vitro Fertilization)
난임(불임)의 치료 방법 중 하나로 난자와 정자를 체외에서 수정시켜
자궁에 착상시켜 임신에 이르게 하는 시술 방법이다.

난임센터 임신율 (2024년 2분기 기준)
- 전체 시험관아기 임신율(평균 나이 38.3세) 43%
- 35세 이하 시험관아기 임신율 59%
- 동결배아이식 임신율 50%
- 5일 배양 동결배아 임신율 68%

연도별 출생아 수

좋은문화병원 / 2001-2024년 / 단위 : 명

연도	남아	여아	출생아 수
2001	2,320	2,004	**4,324**
2002	1,875	1,711	**3,586**
2003	1,562	1,380	**2,942**
2004	1,419	1,280	**2,699**
2005	1,208	1,188	**2,396**
2006	1,151	1,080	**2,231**
2007	1,251	1,173	**2,424**
2008	1,277	1,150	**2,427**
2009	1,099	1,046	**2,144**
2010	1,125	1,056	**2,181**
2011	1,019	1,035	**2,054**
2012	1,066	938	**2,004**
2013	775	737	**1,512**
2014	804	702	**1,506**
2015	894	819	**1,713**
2016	905	863	**1,768**
2017	809	706	**1,515**
2018	739	650	**1,389**
2019	667	655	**1,322**
2020	649	530	**1,179**
2021	621	613	**1,234**
2022	642	671	**1,313**
2023	541	568	**1,109**
2024	631	691	**1,322**

우리나라 연도별 출생아 수

2001-2023년 / 단위 : 명

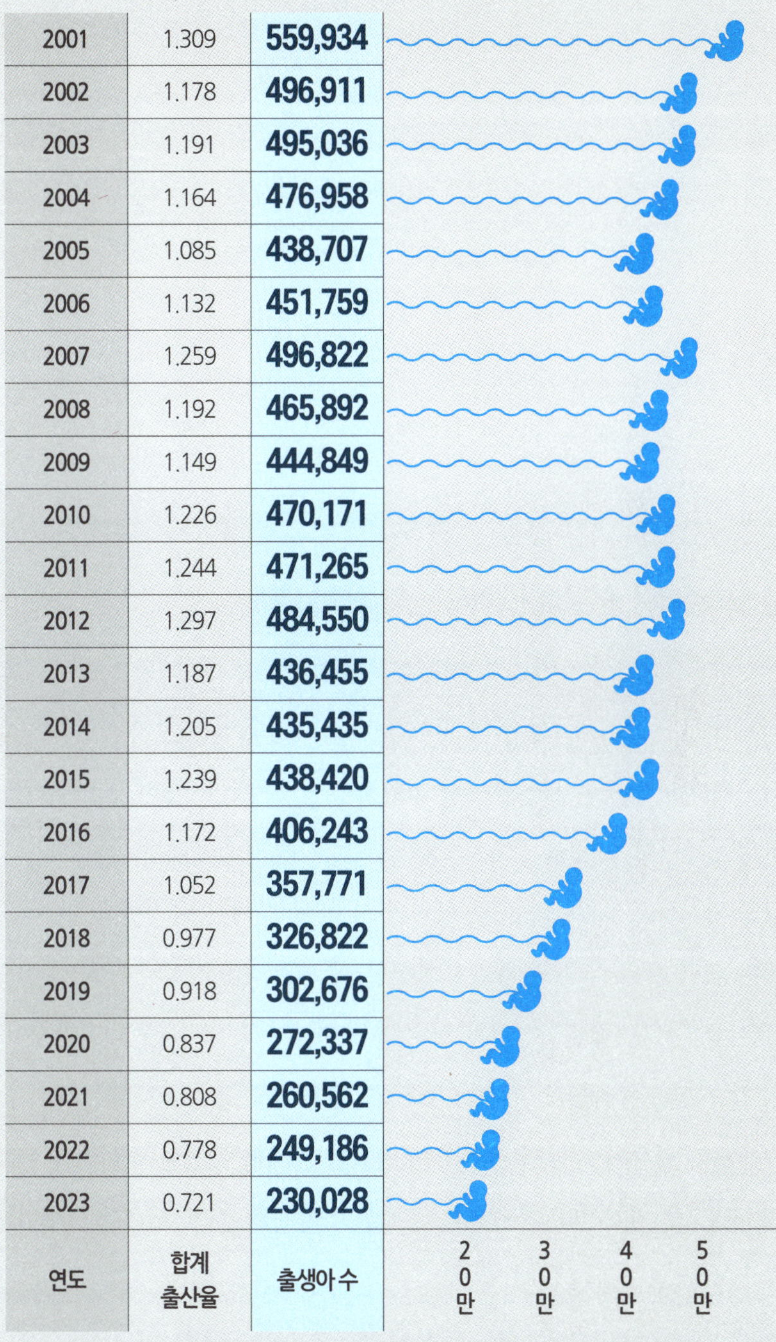

연도	합계 출산율	출생아 수
2001	1.309	559,934
2002	1.178	496,911
2003	1.191	495,036
2004	1.164	476,958
2005	1.085	438,707
2006	1.132	451,759
2007	1.259	496,822
2008	1.192	465,892
2009	1.149	444,849
2010	1.226	470,171
2011	1.244	471,265
2012	1.297	484,550
2013	1.187	436,455
2014	1.205	435,435
2015	1.239	438,420
2016	1.172	406,243
2017	1.052	357,771
2018	0.977	326,822
2019	0.918	302,676
2020	0.837	272,337
2021	0.808	260,562
2022	0.778	249,186
2023	0.721	230,028

합계 출산율은 한 여자가 가임기간(15~49세)에 낳을 것으로 기대되는 평균 출생아 수를 말한다.
출처 : 〈인구동향조사〉, 통계청

시간 속 처음의 기록

은성의료재단 좋은병원들이라는 역사적 브랜드

은성의료재단 좋은병원들의 역사를 모두 합치면 200년에 이른다. 그러므로 각 병원에서 일군 돌봄과 보살핌의 이력만으로도 〈좋은병원들〉의 브랜드로 삼을 수 있다. 그럼에도 돌봄과 보살핌은 잘 보이지 않는 속성을 지닌다. 〈좋은병원들〉이 맺는 관계는 헤아릴 수 없을 정도로 다층적이며 각각의 관계에서 이루어지는 접촉의 양상은 가시화되지 않는다. 비단 병원의 시설관리나 행정관리의 업무에 배속된 존재들만 그런 것은 아니다. 〈좋은문화병원〉에 있는 편의점이나 〈좋은강안병원〉의 카페는 물론이고 〈좋은삼선병원〉의 주차장 관리자의 경우에도 마찬가지이다. 더군다나 각종 병원 용품들도 그러하며 외국인 환자들도 잘 보이지 않는다.

브랜드가 역사에 기반해 추구하는 방향과 가치를 포함한 것이어야 한다면, '부분적'이라고 여겨지거나 '파편적'으로 주어진 사물과 존재, 세계를 함께 아울러 다루는 것은 매우 중요한 태도라고 할 수 있을 것이다. **병원에 걸린 그림 한 점 조차도 '우연히' '그냥' 걸린 것이 아니라 긴 시간 동안의 고민과 협의에 의해 이루어진 것이다.** 사소한 인테리어나 안내 직원들의 말투, 옷매무새,

눈빛도 모두 〈좋은병원들〉이라는 브랜드를 이루고 또 일구는 원천이라고 할 것이다. 그러니까, 어느 것 하나 병원의 브랜드와 무관한 것이 있을 리는 없다. 심지어 쌀이나 반찬, 국에 들어가는 각종 식재료들에서부터 주사기, 바늘, 마스크, 거즈, 붕대들도 단순히 '도구'이기만 한 것은 아니다.

하물며 '사람'이라면 더욱 그러할 것이다. 〈좋은병원들〉이 '좋은 브랜드'라면 이 모든 것을 긴 시간 아울러왔다는 것을 반증하는 것이라고 할 수 있다. **이 책에서 '좋은'을 찾아 하나씩 짚어보는 기회를 가지고자 한다.** 병원과 접촉을 했거나 그렇지 않다고 하더라도, 〈좋은병원들〉을 이루는 사소한 존재들을 통해 지역이 여전히 살아 있다는 것을 새삼스레 재확인하는 기회가 될 것이라고 여겨진다.

병원을 이루는 구성체는 모두 '지역'에서 살고 있고 '지역'을 기반으로 삶의 반경을 그리고 있는 중이기도 하다. 이 병원의 존재야말로 지역의 지속가능성을 보여주는 주요한 '증거'라 할 수 있다. 〈좋은병원들〉 브랜드가 지역의 현재이자 미래이다.

인문적, 예술적 의료재단

그리스어로 테크네(techne)라는 말이 있다. 이 말은 오늘날 기술로 번역되지만, 저 말이 원래 쓰일 때는 예술이나 의학에도 함께 사용되었다. 예술이 보이는 세계와 보이지 않는 세계를 '연결'하고 '접속'하듯이 의학도 '고통'을 '희망'으로, '아픔'을 '나눔'으로 이행하게 만드는 것으로 받아들여졌다. 즉, 의학은 어떤 사람이 겪는 신체적, 정서적 문제를 해결해 공동체 내에 자연스럽게 결속되고 통합될 수 있도록 한 지식의 총체였다. 마치 테이프가 서로 다른 두 존재를 매듭지음으로써 새로운 존재가 되도록 하는 것과 마찬가지로 의학이라는 테크네는 신체와 영혼을 사회나 공동체에 안착하도록 한 지식과 실천의 총체였다. 테크네라는 말이 의학과 연결되어 있었던 것은 이 때문이다.

그런 점에서 지식의 분화가 일어나기 전에 의학은 예술적인 것이기도 했다. 실제로 '의학'이 문학이나 영상 예술의 주요한 소재가 된 것은 우연이 아니다. 더군다나 부산의 소설가인 김정한은 의학과 지역공동체가 맺는 관계에 대해 다룬 단편소설을 남긴 적이 있다. 그만큼 의학이 사회와 공동체와 맺는 관계는 긴밀하다는 것을 지시하는 것이라고 할 수 있다. 특히 전 지구적인 전염병을 목도했던 지난 2020~2023까지의 과정에서 의사와 병원 관계자들의 노력은 '눈물겨운 것'이었음은 두말할 필요가 없다. 문명의 발달이 '전염'을 가속화하는 경로가 되었지만, 의학이 그 경로 위에서 삶과 사회와 문명이 좌초하지 않도록 보호하고 돌봐왔던 것이다.

〈좋은병원들〉 200년의 시간 그리고 역사도 의학이 이룬 성취 위에 지역사회와 긴밀히 조응하는 과정이었다고 할 수 있다. 예컨대, 〈좋은

삼선병원〉이 자리 잡은 사상은 전통적으로 낙동강 하구에 자리잡은 작은 어촌마을로 만들어졌지만, 1970년대 이후 '산업단지'가 자리 잡은 곳이자 대규모 공장의 노동자들이 밀집해 사는 거주지이기도 했다. 공장 노동자들이 겪는 작고 큰 사고에서부터 이 지역 일대의 거주자들이 겪는 다양한 질병들을 치료해 다시 사회와 공동체에 안착할 수 있도록 해왔다. 노동집약적 산업으로 대표되는 고무공업 시설들은 이제 아파트로 모두 탈바꿈했다. 사상 일대의 대대적인 풍경의 변화가 일어나기 시작할 때, 〈좋은삼선병원〉이 지역에 자리잡아 지역사회와 함께 해온 것이다.

사상 지역의 공장이 이전하거나 공장부지에 '대규모' 거주지들이 들어서면서, 노동자들이 떠난 그 빈자리를 새로운 거주자들이 채우고 있으니 이전과는 또 다른 원인으로 인한 질병이 서식하게 될 것임은 두말할 필요가 없다. 스트레스나 우울증과 같은 정신적, 정서적 질환은 물론이고 영양불균형으로 인한 신체적 이상, 노동환경이 초래하는 각종 통증, 수면 장애 등이 모두 그러하다. 원인불명의 신체적 고통으로 인해 사회 내에 참여할 수 없는 고통은 헤아릴 수 없다. 아이를 키우는 방식이 예전과 비교할 수 없을 정도로 완전히 달라졌다는 것만 보아도 30년 동안 묵묵히 자리한 병원의 이력은 경제와 사회, 생활양식의 변화가 총체적으로 깃들어 있다고 할 것이다.

그러므로 〈좋은병원들〉이 지역에서 함께 일군 시간을 들여다보는 일은 '병원' 자체만을 보는 것일 수 없다. 근본적으로 병원이 개별적 삶과 사회를 돌보고 회복하는 것이라면, 지역사회의 역사를 만나는 일과도 엮여 있다고 해도 좋다는 말이다. '병원'이라는 공간과 장소가 갖는 의미만 하더라도 풍부한 지역사를 돋을새김해 주기도 한다. 가령, 소아청소년과 간호사인 X의 출근 과정과 병원에 들어와 이동하는 방식, 환자들과 접촉하는 과정은 병원이라는 공간에서 비롯되는 것이지만, '잘 보이지 않는' 이 흐름은 혈액이나 자율 신경처럼 무의식적인 것으로 주어진다. 달리 말해, 병원에 소속된 관계자들의 활동 자체가 지역과 매개되어 생명을 공급하는 근거지가 된다는 것이다.

즉, 병원 관계자들 전체의 움직임은 병원이 일방적인 공간이 아니라 상호작용하는 생명체로 이해하게 만드는 것이다. 생명이 지속되기 위해 외부와의 관계를 필수적으로 한다면, 이 생명체로서 병원은 지역사회와의 견고한 매듭을 통해서만 유지되고 지속될 수 있다는 의미이다. 이는 병원과 지역사회 양자 사이가 위계적으로 관계하는 것이 아니라 상호적인 협력의 관계로 이루어져 있다는 것을 시사한다. 이런 협력이 제대로 '작동'하지 않을 때, 병원 내부의 혈액과 신경의 흐름은 기능부전을 일으킬 것이고, 또 지역사회 역시 마찬가지의 결과를 초래하게 될 것임은 두말할 필요가 없다. 이 관계를 지속하기 위해선, 상호간에 이루어지는 신뢰와 약속이 밑천이 될 것이다.

이를 위한 매개로 **'브랜드북'은 병원을 둘러싼 다양한 행위자들이 어떻게 결속하고 있고 또 어떤 방식으로 미래를 쌓아나갈 것인지를 살펴볼 수 있다는 점에서 필수적인 작업이다.** 흔히 병원에 대해서 '잘' 안다고 생각하지만, '병원'을 이루는 숱한 주체들에 대해선 알기가 쉽지 않다. 특수한 장소이거나 공간이라고 생각하기 때문이고 드라마나 영화에서 재현되는 병원의 서사에서도 '특별한 지식'으로 인해 접근하는 문턱이 상당히 높기 때문이다. 그래서 대체로 자신의 '병'에 대해선 관심이 높지만, 병원 자체를 이루는, 그러므로 자신의 병을 고치거나 지친 몸을 돌보는 데 필요한 물건이나 사물을 포함한 행위주체에 대해선 잘 알지 못하는 경우가 많다.

〈좋은병원들〉은 이런 사정을 일찌감치 예견하고 있었다.

> 인문학과 의학은 뿌리가 닿아 있음에도 의료계는 그동안 인문학과 거리가 멀
> 어 보였던 것이 사실이다. 인문학을 등한시해도 병원은 번성할 수 있었다. 환자
> 가 넘쳤다. 하지만 언젠가부터 상황은 변했다. 의사는 늘어난 반면 인구는 줄
> 었다. 의사와 병원은 모자라고 환자는 넘쳤던 시대에서 의사와 병원은 넘치고
> 환자는 적은 시대로 접어들었다. 시대는 병원으로 하여금 환자의 마음을 움직
> 이는 의료서비스를 요구하고 있었다. 환자에게 다가가는 진정성이 필요했다.
> 환자에 대한 이해가 치료의 한 부분으로 인식되면서 의사의 인성을 키우는
> 치료 인문학이 부상했다.
>
> — 좋은삼선병원,《좋은삼선병원 20년사》, 미디어줌, 2015. 60~61쪽

20년사에서의 진단이 너무나 당연해 질문의 대상이 되지 않았던 존재, 사물, 세계에 대한 관심을 병원이 가져야 한다는 것을 의미한다. '치료' 자체에만 주목해 자잘한 부분과 영역에 대해서 무관심 해왔던 부분을 넘어서, 상호 보살핌이 이루어지는 '병원'을 모색하는 것은 결코 간단한 일일 수 없다. 이것은 병원의 '미래'와 관련된 일이기도 하기 때문이다. 환자들이 병원에 대해서 갖는 기대는 '치료'를 근간으로 하는 따뜻한 보살핌에 있는 것이다. 마음이나 정서를 오랜 역사 동안 집중적으로 다뤄왔던 것이 인문학이고 예술학의 영역이었다면, 의학과 의술이 이루어지는 '병원'이라는 현장에서도 도입해야 하는 것이 인문과 예술임은 두말할 필요가 없는 것이다.

함께하다

사람과 사람이 만나는 병원

병원은
의료진과 환자, 보호자가
함께하는 공간이다.
치료와 회복을 넘어 따뜻한 소통과
배려가 흐르는 곳이다.
환자와 의료진이
서로를 돕고 의지하며
병원의 하루를 만들어간다.
모두가 함께하는 순간들이 쌓여
병원의 본질이 되는 것이다.

모든 시간을
생명과 함께한다

병원은 수많은 이야기로 가득하다. 이야기들이 쌓여 만들어진 공간일지도 모른다. 그래서 병원의 안팎에선 말이 넘친다. 고통에서 기쁨까지 온갖 희로애락의 말들이 이 병원을 감싸고 있다. 심지어 침묵도 병원에서는 '언어'다.

언어가 '독백'을 하기 위해 쓰이는 게 아니라면, 사실상 독백조차도 자신과의 대화일 수밖에 없다면, 이야기와 언어가 가득한 병원의 핵심 가운데 하나는 커뮤니케이션이다.

소통 없이 병원은 존립할 수 없다. 말 못 하는 신생아에게도 울음이라는 '언어'가 있듯이, 언어가 없는 환자는 없으며, 말이 없는 직원도, 침묵만 하는 의사도 없다. 언어는 끊임없이 사람들과 연결되고자 하는 애씀과 노력의 결과이다.

병원은 말하고 듣는 거대한 입과 귀의 장소인지도 모른다. 잘 말하고 잘 듣기 위해, 병원의 모든 구성원이 노력한다.

삶의 시작과 끝이 오가는 곳이 병원이라는 걸 우리는 안다. 그래서 병원만큼 많은 말들이 겹겹이 쌓여 있는 공간도 흔치 않다. 태어남과 죽음을 모두 아우르고 그에 따라 정해진 표현부터 아직 말로 다 담기지 않은 감정들까지, 온갖 말들이 넘쳐난다.

초조하게 기다리는 진료실 앞에서 환자들의 콩닥거리는 심장소리, 완치되었다는 판정에 감사의 말을 귀하게 듣는 의료진, 부족한 의료품을 신청한 후 한숨을 돌리는 직원들의 숨결도, 관계를 이어가기 위한 소통의 언어다. 달리 말해, 병원은 함께하는 공간이다. 홀로 남겨질 수 없는 곳이 병원이다. 물론 각자가 느끼는 외로움이 없을 수는 없다. 그럼에도 병원은 사람들이 만나 서로를 돕고, 소통하며 함께 만들어가는 곳이다.

협력과 배려가 병원의 흐름을 만든다.

병원에서 일하는 사람들은 업무적 연관성이 멀어 보여도, 서로 긴밀한 관계에 놓인다. 이것이 바로 유기적이라는 말의 의미다. 최근 크게 히트한 〈중증외상센터〉(넷플릭스, 2025)도 유대와 협력이 사람을 살리는 핵심이라는 것을 잘 보여준 바 있다. 병원은 물질적인 것부터 정서적인 것까지, 이런 협력 모델에 근거해야만 유지될 수 있다. 소통 없이 협력은 없고, 협력 없이는 병원도 없다. 홀로 있을 수는 있으나 혼자 병원의 일을 담당하기는 불가능한 것이다. '병'은 어쩌면 '함께'를 요구하는 것일지도 모른다. 더군다나 '생명'의 탄생에는 온 우주가 '협력'해야만 한다. 우주적 함께 함을 통해 생명이 나고 자란다는 것이다. 옛말에 아이 하나를 키우는 데 마을이 필요하다고 했던가. 하지만 사실, 우주 전체가 함께한다.

병원에서 가장 많이 사용되는 신체는 '손'과 '눈'이다. 이 둘은 거의 구분되지 않는다. 하지만 눈으로 환자를 돌보는 데 한계가 있다면, 촉감을 통한 관계는 상호작용을 일으킨다는 점에서 매우 중요하다. 특히 의료진의 '손'은 환자의 정서와 몸, 질환에 직접 닿으며 이를 함께 이겨내는 '동반자'가 된다.

의식이 명확하지 않거나 급속한 위태로움에 처한 몸은 물론이거니와 사소한 번거로움에 처한 몸에 이르기까지 병원에서 '손'은 그 병원의 자세와 태도, 지향이 드러나는 첫 번째 신체 기관이라고 할 수 있다. 눈빛은 손길과 닮아 있다. 손은 빛이 되기도 한다. 모든 것을 살아 있도록, 살아가도록 만드는 손이다.

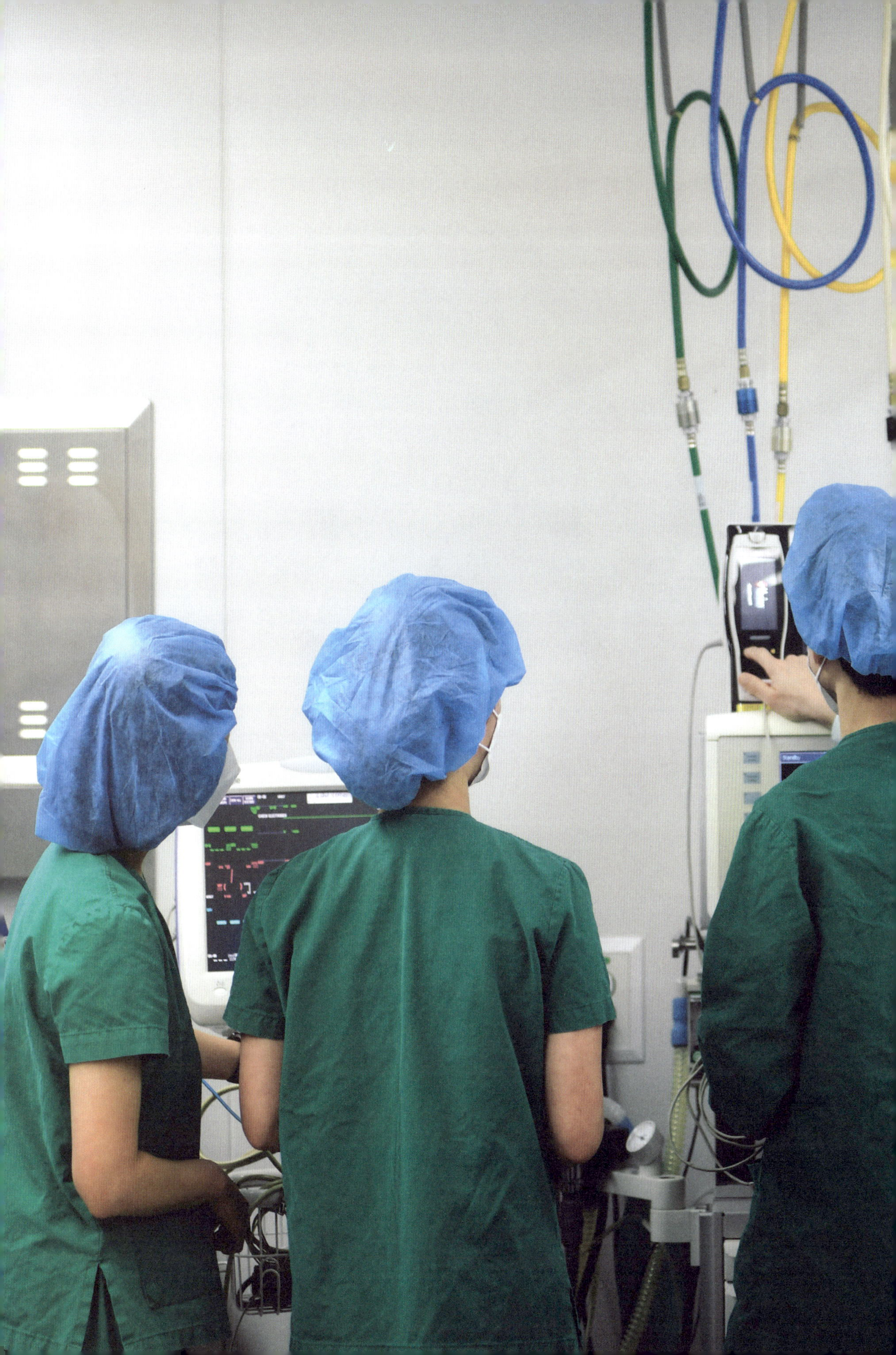

한편, 병원의 모든 구성원들이 병원으로 이동하는 모습은 생명의 새로운 출현을 알리는 운동처럼 보이기도 한다. 병원으로 모였다가 흩어지고, 다시 모여드는 과정 자체가 지역과 병원의 커뮤니케이션처럼 보이기도 하는 것이다. 12개의 좋은병원들에서 일하는 직원들은 병원과 지역을 서로 잇고 연결하는 미디어일 수 있다. 이들은 지역과 병원을 이어줌으로써, 양쪽이 공생할 수 있는 기반이 된다.

이들이 지역과 병원 사이에서 나누는 '말'이, 그 관계를 어떤 형태로든 만들어가고 있을 것이다. 즉 일하는 사람들이 병원과 지역을 만들어가는 주체인 셈이다. 모두들 어디에서 살고 어떻게 이동하고, 어떻게 다시 회복해 병원으로 되돌아오는 것일까. 적어도 좋은병원들 가운데 한 곳 정도를 통해 음미해 볼 필요가 있겠다.

2025년 4월 현재 / 용역 제외 / 단위 : 명

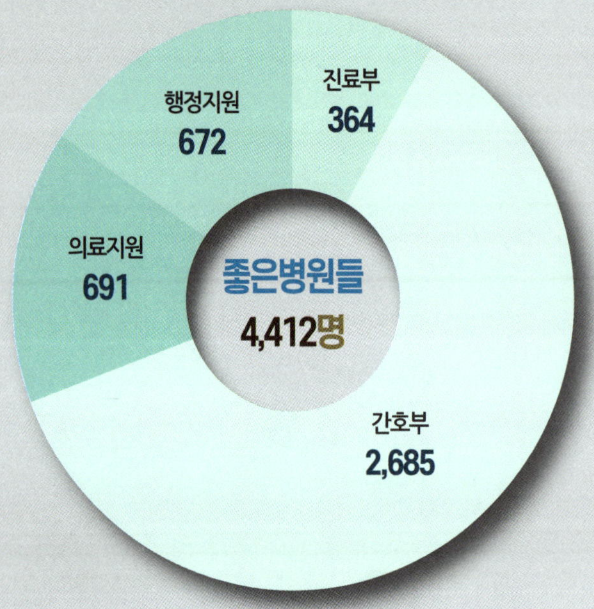

좋은병원들은

이런 사람들이 모여서 일을 한다.

병원에서 일하는 사람들은

업무적 연관성이 멀어 보여도

서로 긴밀한 관계를 가진다.

그래서 유기적으로 이어진다.

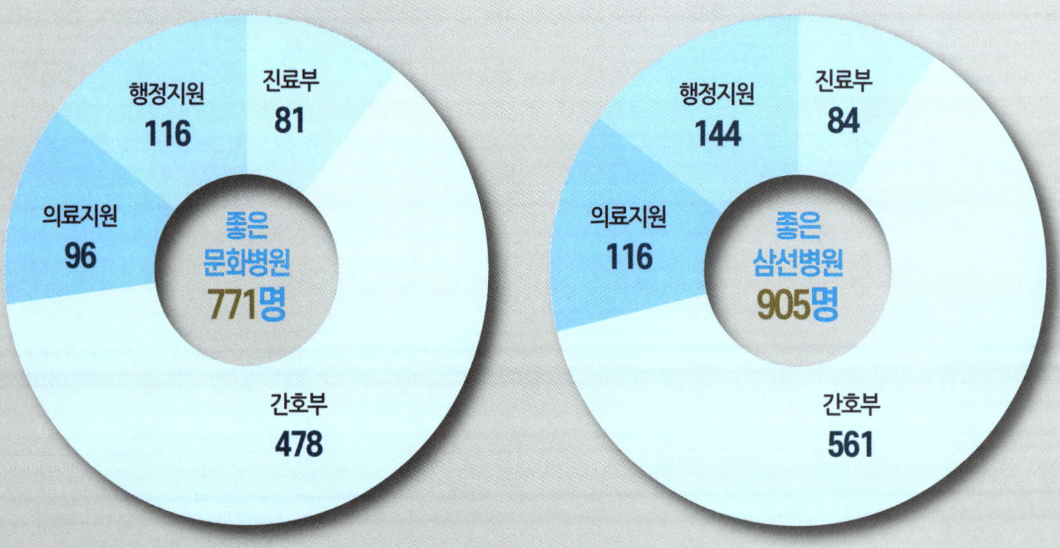

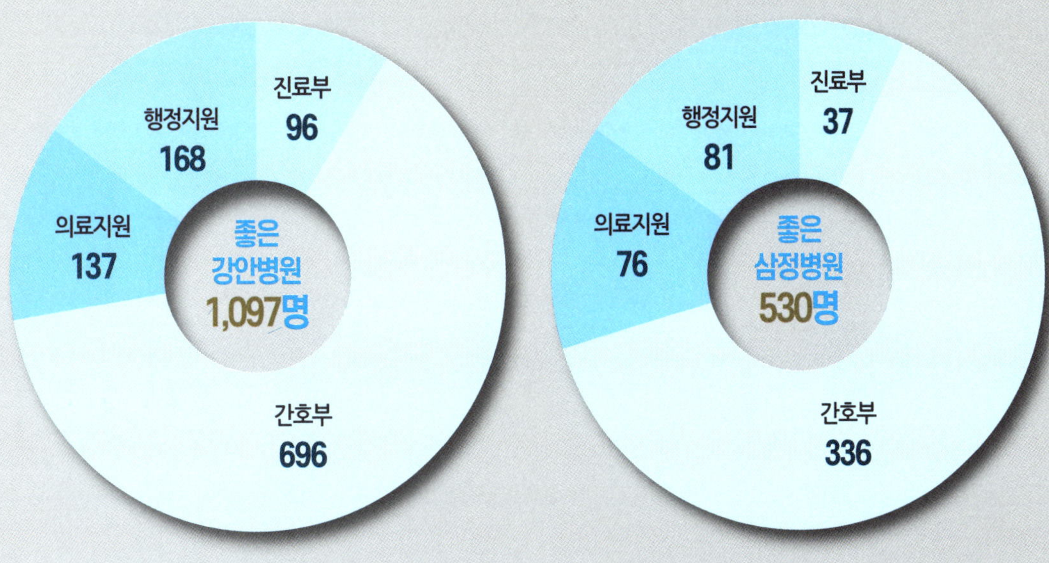
진료부
96
행정지원
168
의료지원
137
좋은
강안병원
1,097명
간호부
696
진료부
37
행정지원
81
의료지원
76
좋은
삼정병원
530명
간호부
336

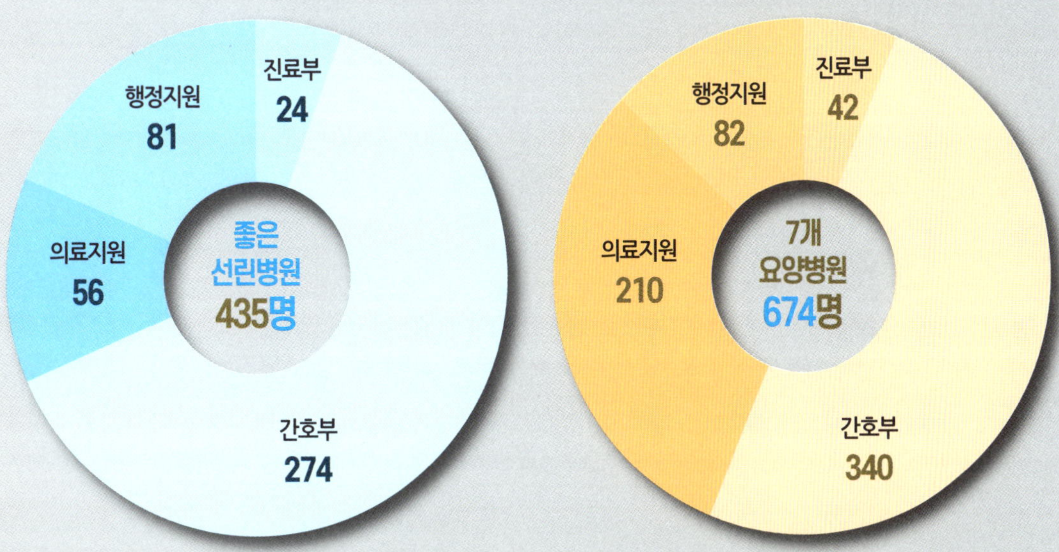
진료부
24
행정지원
81
의료지원
56
좋은
선린병원
435명
간호부
274
진료부
42
행정지원
82
의료지원
210
7개
요양병원
674명
간호부
340

좋은병원들 직원 주거 분포

2025년 3월 현재 / 좋은문화병원·좋은삼선병원·좋은강안병원 / 단위 : 명

구별	합계	좋은문화병원	좋은삼선병원	좋은강안병원
강서구	28	6	14	8
금정구	69	37	11	21
기장군	16	3	3	10
남구	327	93	46	188
동구	103	69	14	20
동래구	124	44	29	51
부산진구	475	164	178	133
북구	128	26	70	32
사상구	330	34	277	19
사하구	111	41	47	23
서구	64	29	20	15
수영구	320	29	18	273
연제구	172	57	34	81
영도구	35	13	15	7
중구	19	9	6	4
해운대구	226	57	8	161
기타	149	60	38	51
합계	2,696	771	828	1,097

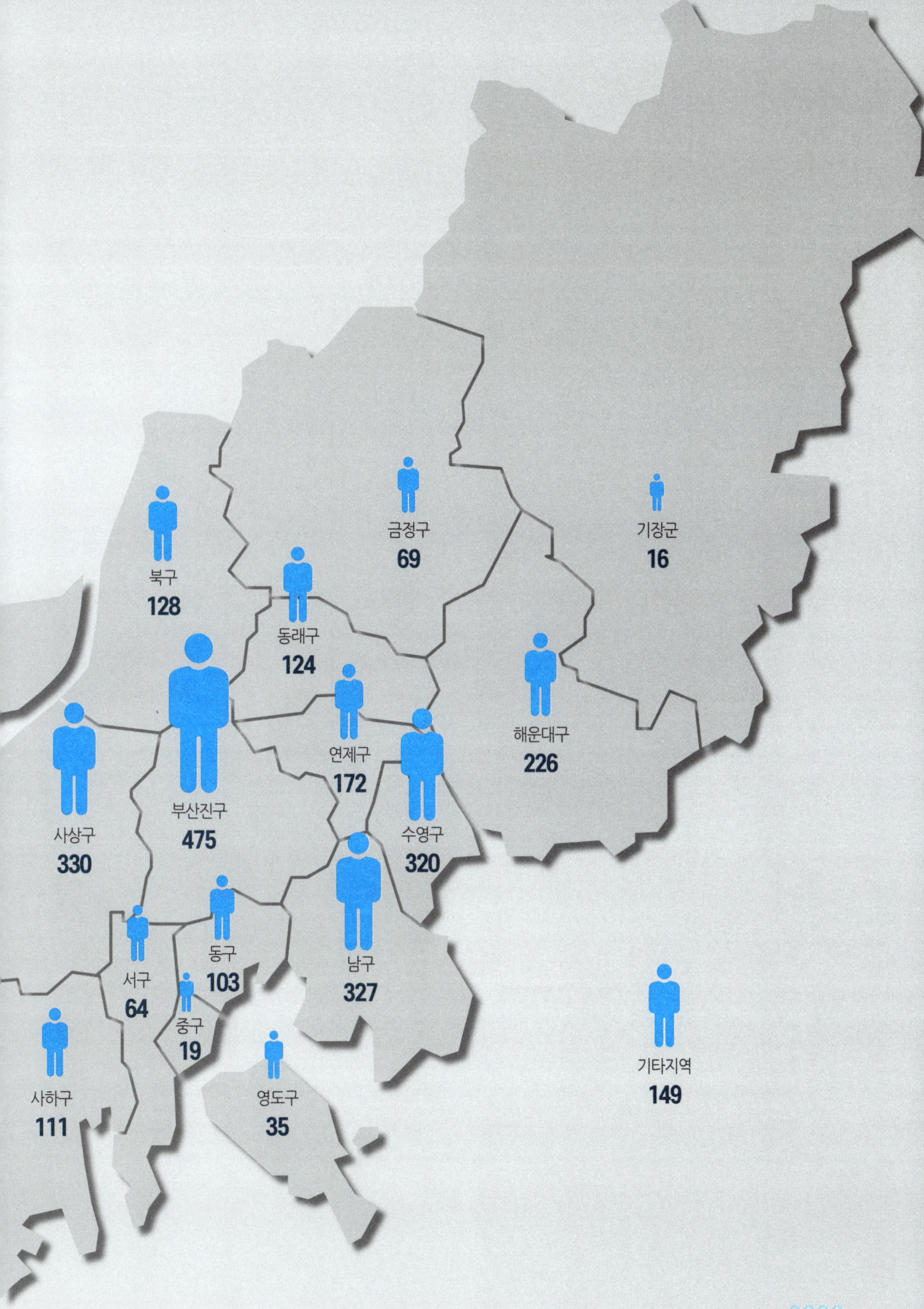

금정구
69
기장군
16
북구
128
동래구
124
해운대구
226
사상구
330
부산진구
475
연제구
172
수영구
320
남구
327
서구
64
동구
103
중구
19
영도구
35
사하구
111
기타지역
149

병원의 하루

의료진과 환자의 일과, 병원의 리듬

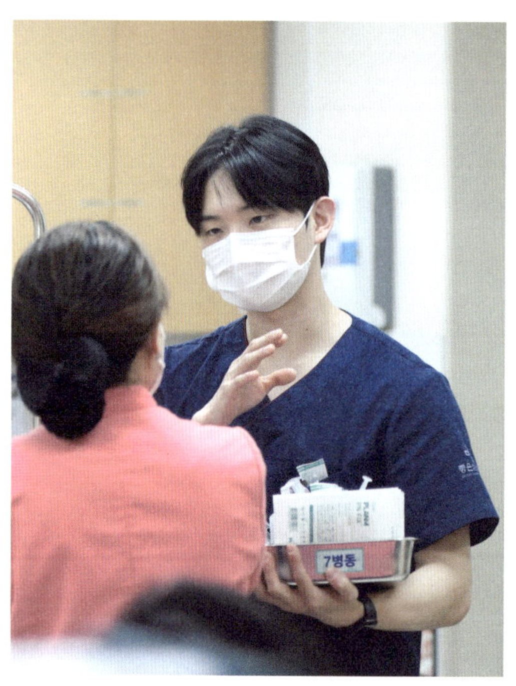

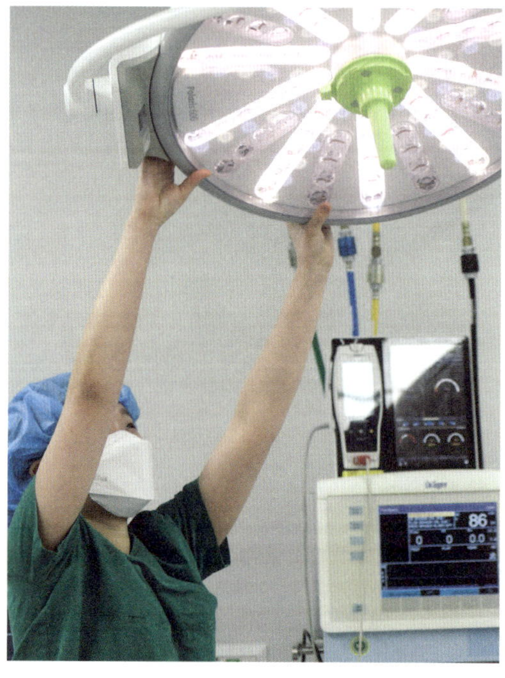

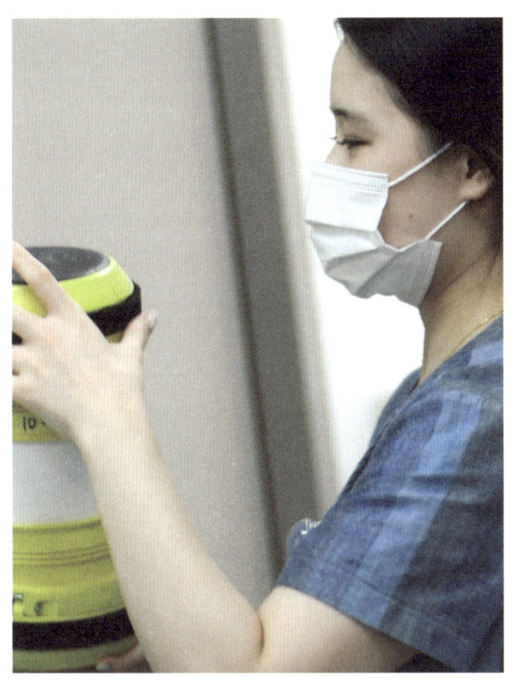

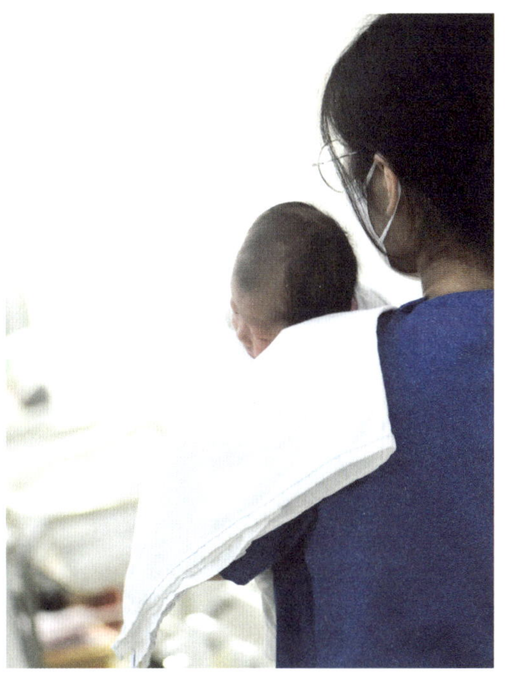

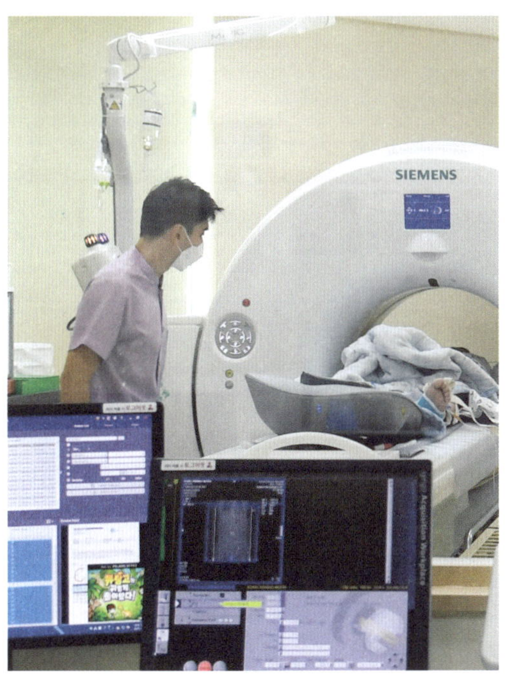

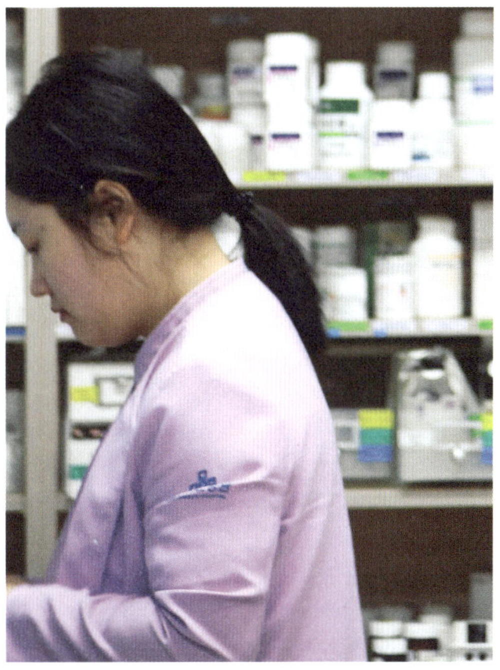

좋은문화병원은 늘 분주하다. 산부인과와 소아청소년과 내방자들이 많아서다. 그래선지 다른 병원에 비해 젊은 느낌을 받게 된다. 애기들 떼쓰는 소리나 양손에 가득 짐을 짊어진 남편들도 한자리를 차지하고 있다. 친정어머니와 함께 오거나, 시어머니와 함께 온 딸과 며느리를 애지중지하는 모습을 보고 있으면 마음이 몽글몽글해진다.

괜히 걸음 속도를 늦추고 싶어지고, 대기번호를 양보하고 싶다는 기분까지 든다. 접수를 마치고 대기실 앞 소파에 앉으면, 옆 사람에게 말을 걸고 싶어질 정도다. 비슷한 이유로 병원을 찾은 사람들끼리, 묘한 공감대가 느껴진다. 서로 모르는 척하면서도, 어딘가 아는 듯한 얼굴로 지나간다.

병원의 보이지 않는 안전 버팀목

좋은문화병원 시설관리팀 팀장 **백정민**

단단하다. 백정민 팀장을 처음 만났을 때든 인상이다. 약간 그을린 피부라는 느낌은 병원을 '현장' 삼아 오래 근무했기 때문에 든 편견일지도 모른다. '단단하고 그을린'은 일하는 사람들에 대한 전형적인 이미지이지만, 병원 시설이 원활하게 작동 하도록 하는 안전관리자인 그를 시설물을 확실하고 꼼꼼하게 챙긴다는 느낌으로 이끌었다. 정돈된 옷매무새는 그가 병원에서 어떤 자세로 일해 왔는지를 보여주는 무의식적인 징표다. 마치, '걱정은 나에게 맡기라'는 책임감을 말없이 전하듯 말이다.

백정민 팀장은 59년 문현동에서 나고 자랐다. 문현동에서 개금, 가야로 이사를 했지만, 오롯이 부산에서만 삶을 꾸려왔다. 그의 부모님은 한국 전쟁으로 월남하신 분들이었고 일찍 돌아가시는 바람에 할머니 손에서 자랐다고 한다. 그래서인지 자신이 모든 삶의 순간을 결정하고 해결해야 한다는 감각을 일찍부터 갖고 있었다. 오히려 생존을 '의지'로, 성공적으로 변화시킨 사람이라고 해야 할 것이다.

백정민 팀장에 따르면 시설관리자는 순간순간 대처하는 능력이 있어야 한다고 한다. 루틴대로 하는 일과 상황 대처 능력이 모두 필요한 것이다. 그에 따르면 '전기' 네트워크가 가장 빈번하게 말썽을 일으키는 영역이라고 한다. 병실과 중환자실이 원만하게 돌아가도록 준비해야 해서 항상 민감하게 대응해야 하는 영역이라고 했다. 오랜 기간 일하면서 백정민 팀장은 "아, 저소리가 아닌데, 안 들리던 소린데"와 같은 '감각'을 가지게 되어 병원 곳곳을 스캔하면서 다니는 것이 하루 일과라고 말한다.

가장 힘들었던 때는 2003년 태풍 매미가 부산에 상륙했을 때였다고 했다. 화재 방재를 위해 만든 창틀에 문제가 생기면서 14~6층까지 내려오면서 피스를 박아 날아가지 않도록 했는데 팔이 떨어져나갈 것 같았다고 했다. "내가 왜 이런 직업을 선택했지"하는 생각을 그 때 처음으로 했다고 한다. 지금도 그 창을 보면, 매미의 위력이

읽혀서 힘들다고 웃었다. 시설 관리자는 재난이 문제없이 지나가도록 하는 것이지만, 피할 수 없을 경우에 일선에 나서는 존재가 아닐까.

"참, 세월이 빠르네"라고 30년 근무의 소회를 말하는 백정민 팀장의 얼굴에는 환한 미소가 번졌다. 병원에 발을 들여서 내가 해야 될 일을 살펴보면서 어느 정도 지나다보니, 이 일을 어떻게 하면 잘 할 수 있을까, 효율성을 갖출까, 비용을 줄일 수 있을까를 생각했던 세월이었다고 말한다. 병원을 쳐다보면 뿌듯함이 여전히 있다고, 애정이 없을 수 없다는 말을 잊지 않는다.

그는 시설관리자는 항상 공부해야 하는 위치에 있다며 "주어진 일만 하는 사람이 아닌, 더 나은 사람이 되어야 한다"고 강조했다. 한 마디로 '공부가 답이다'라는 것이다. 이런 관리자가 시설을 맡고 있으니, 좋은병원들이 고객들에게 안전하고 평화롭게 다가올 수 있는 것이다.

분주함에도 질서가 있다

좋은삼선병원 주차관리팀 팀장 **김호성**

병원을 방문할 때 가장 걱정되는 일 가운데 하나는 '주차'다. 혹시 자리가 없으면 어떻게 하지, 웨이팅이 길어지는 것 아닐까, 노심초사하게 된다. 그래서 병원을 방문하면 접수대보다 먼저 주차관리팀을 만날 수밖에 없다. 차량 방문객에겐 주차관리팀이 병원의 첫 번째 얼굴인 셈이다. 특히 좋은삼선병원이 1995년 개원이래 변화와 성장을 거듭하고 규모가 커지면서 방문하는 사람들도 늘어나고 차량 방문의 경우도 꾸준히 증가했을 것으로 보인다. 병원을 찾는 오전 9시부터 11시 사이, 주차장 진출입로가 항상 붐비는 것도 이를 보여주는 증거일 수 있다.

좋은삼선병원의 주차를 책임지는 사람은 김호성 팀장이다. 대기업 영업직과 자영업을 거친 뒤, 은퇴보다는 계속 일하겠다는 생각으로 주차관리팀장에 지원해 지금까지 일하고 있다. 비슷한 또래가 뭉쳐서 일하고 있어 소통이 잘 되고 업무가 원활하게 잘 돌아가고 있다며 이런 팀을 만나는 것도 '복'이라고 이야기한다.

특별한 '잔소리'를 하지 않아도 팀원들이 알아서 일을 척척해준다며 즐거워했다. 차량이 몰리는 시간엔 대기 시간이 길어지기 때문에, 방문객들이 예민해져 불만을 제기하기도 한다. 하지만 그는 그런 스트레스를 잘 다스릴 줄 알게 되었다고 말했다.

간혹 방문객이 건네는 고생하신다는 인사말에 힘을 얻는다는 말을 덧붙인다. 식구들은 그가 주차관리팀에서 일하는 것에 대해 별말은 하지 않지만, '아버지가 일한다'는 사실만으로도 존중받는 기분이 들어서, 할 수 있는 데까지 일하고 싶다고 했다.

1층

청결이 병원이다

좋은삼선병원 미화부 반장 **양소순**

청결은 '좋은병원들'이 가장 중요하게 생각하는 것 가운데 하나다. 그러나 청결이 깨끗함만을 의미하는 것은 아니다. 그것을 '문화'로 구축하는 것까지를 포함한다. 이런 문화의 기반을 돌보는 사람이 바로 양소순 미화반장이다. 사람들로부터 무언의 '존경'을 받는 사람, 묵묵히 쓸고 닦고 정리하고 치우고 자기 자신의 자취조차 내세우지 않는 사람, 차분히 가라앉은 깨끗한 방처럼 조용히 머무는 사람이라고 말하고 싶다. 그녀는 '말주변'이 없다며 말하기를 어려워했으나, 그녀의 말은 28년간 병원에서 청결을 책임져온 사람의 겸손이 아니라, 치우는 사람 자신마저 흔적 없이 사라지게 하는 태도 때문임을 뒤늦게 깨닫게 해주었다.

양소순 미화반장은 병원에서 일하는 것 자체가 즐겁다고 말한다. 청소를 해도 돌아서면 금방 지저분해지는 것은 어쩔 수 없다고 했다. 오히려 그것이 '우리의 일'이라며 미화부의 사명이라고 말했다. 그녀는 미화부 사람들 모두가 그래서 존경스럽다고 말한다. 미화부의 업무를 알아주는 병원의 임직원이나 환자들의 한마디 말에 큰 힘을 얻는다며 눈시울이 붉어졌다. "여사님 덕에 병원이 참 깨끗한 거 같아요. 오랫동안 일하시는 거 보기 너무 좋아요. 항상 건강하셨으면 좋겠어요."라는 말을 떠올리며, 참 감사한 말이라고 이야기했다.

그녀는 자신의 지인도, 혈육도 아니었지만 청소를 하다 잠시 명복을 빌어준 적이 있었다. 그 모습을 본 누군가가 감사하다며 인사를 건넸던 순간을 잊을 수 없다고 했다. 어쩌면 타인의 삶의 자취를 조용히 애도하는 그녀의 자세와 태도야말로 좋은병원의 '문화'의 근간을 이루고 있는 것이라고 할 수 있을 것이다. 아니, 오히려 그녀의 자세와 태도가 병원에 녹아들어 있다고 말해야 할 것이다.

한 곳에서 오랫동안 청소를 한 사람의 리듬은 그 장소에서 일어나는 리듬과 닮아 있을 것이다. 쓸쓸한 풍경마저 마음으로 닦아내는 양소순 미화반장이 만든 문화를, 우리는 함께 가꾸고 지켜가야 할 것이다.

버튼을 눌러주세요 →

느끼다

치유와 기억이 흐르는 공간

병원의 리듬은

보이지 않는 곳에서 시작된다.

의료진의 손길과 기기의 작은 소리,

이미지가 공간을 채운다.

모든 움직임이

환자의 회복을 위해 존재한다.

축적된 경험과 신뢰는

병원의 시간 속에서 이어진다.

병원은 치유와 기억이 공존하는

특별한 리듬의 공간이다.

병원은 감각적 공간이자 장소다. 병원을 방문하는 사람들은 예민해지기 마련이고, 병원의 모든 것이 예민하게 받아들여진다. 주위를 괜히 돌아보게 되고, 의료진의 행동을 강렬하게 받아들인다. 시청각과 촉각이 모두 극대화되며 감각적으로 특별해진다. 가령, 은행의 순번표와는 다른 감각으로 울리는 번호를 바라보게 되기도 한다. 진료실 앞에서 내 이름을 부르는 간호사의 표정과 말투가 신경 쓰인다. 의사가 차트를 넘기는 손짓이나 눈빛, 평소에 보지 못했던 표정과 기색을 살피며 내 상태를 짐작하게 되는 것도 그런 감각의 일부다. **병원이 '문화적', '예술적'이어야 하는 것은 어쩌면 이런 '감각들'이 예민해지기 때문인지도 모른다.**

통상적으로 병원에 그림이 걸리는 경우도 이 때문이라고 생각한다. 거의 무의식적으로 그림을 걸지만, 이런 그림도 신중한 선택 없이 결정되는 경우가 허다하다. 감흥을 줄 수 없는 그림들이 걸려 있을 때, 병원은 단지 기능적인 공간에 그치게 된다. 환자나 고객의 감각은 병원의 리듬을 함께 만들어가는 데 기여하지 못하게 된다. 말로만 '고객'이니 해도, 이런 섬세한 감각에 대한 돌봄이 없이는 의미 없는 공허한 외침이 될 뿐이다. 좋은병원들이 예술작품들을 병원에 도입하는 것도 이런 이유에서일 터이다. **시나 그림, 경구나 사자성어들을 곳곳에 배치해 두고 고객과 직원과 임원들이 호흡을 공유하는 것이다.**

한편, 진료실이나 병실을 나서면서, 그간 몰랐던 공기가 경쾌하게 느껴지기도 하고 병실의 복도가 부드럽게 나를 감싸주고 있다는 감각에 따뜻해지기도 한다. **병원의 이미지와 사운드, 주고받는 목소리, 오가는 직원들, 바닥면들은 병원의 조화로운 리듬을 이루는 직접적이고 감각적인 요소들이다.**

이외에도 병원의 리듬을 구성하는 용품들도 잊어서는 안 된다. 보이지 않는다고 존재하지 않는 것일 수는 없으니까 말이다. 그런 점에서, 병원의 리듬을 지키기 위해 애쓰는 이들을 우리는 잊지 말아야 한다. 시설관리에서부터 재무관리에 이르기까지 모두가 병원의 리듬을 형성하고 또 유지하는 원천들로 기록되어야 한다.

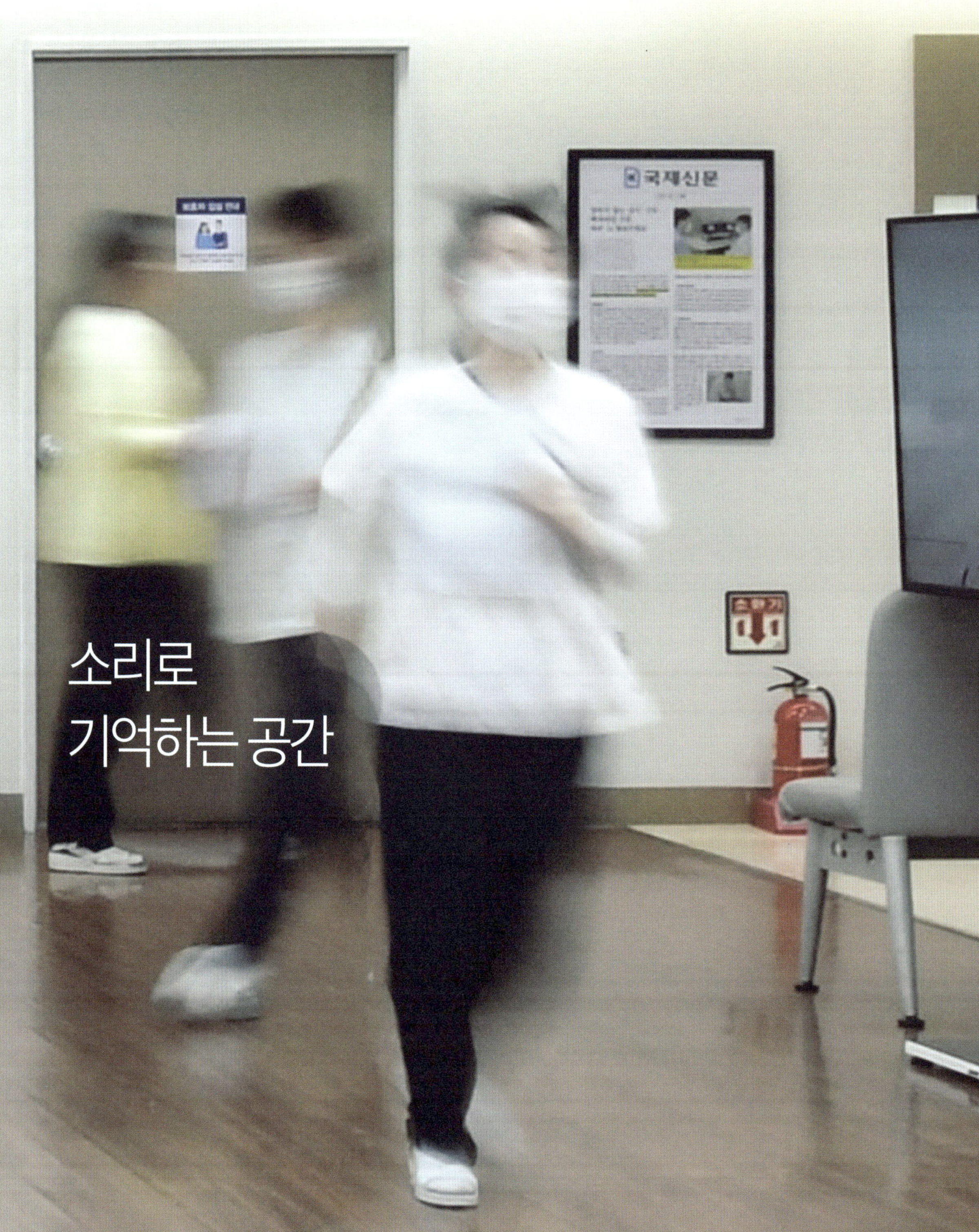

소리로
기억하는 공간

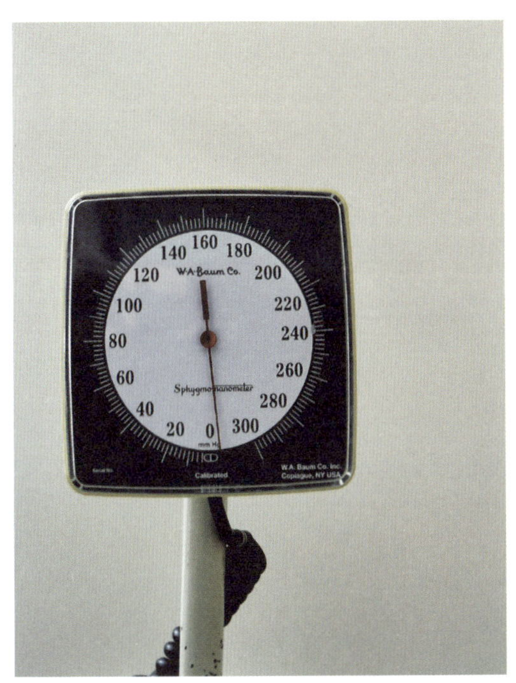

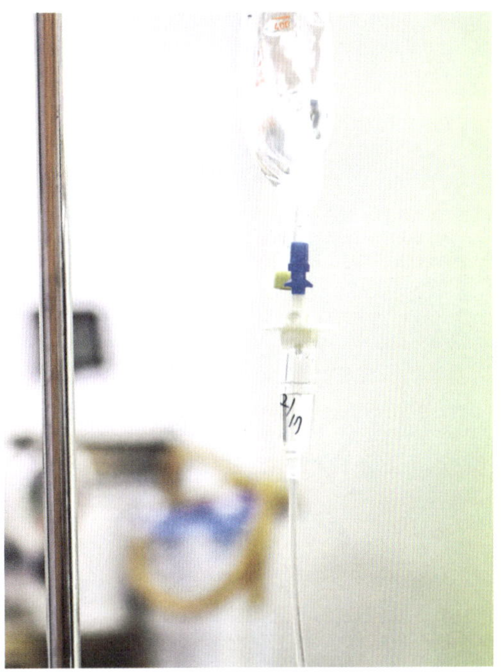

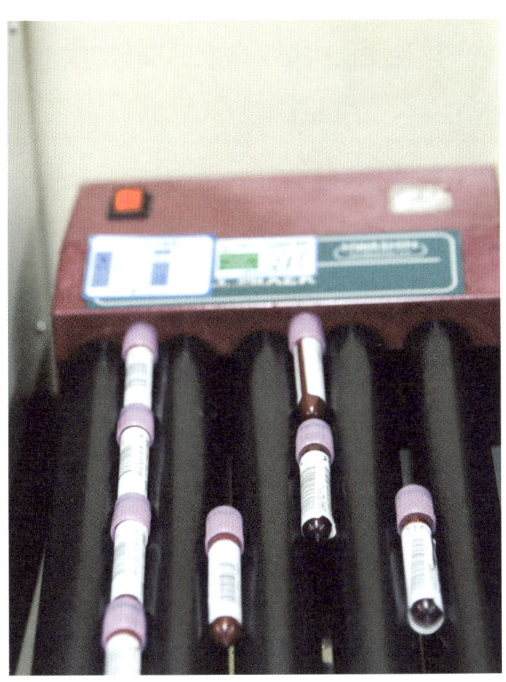

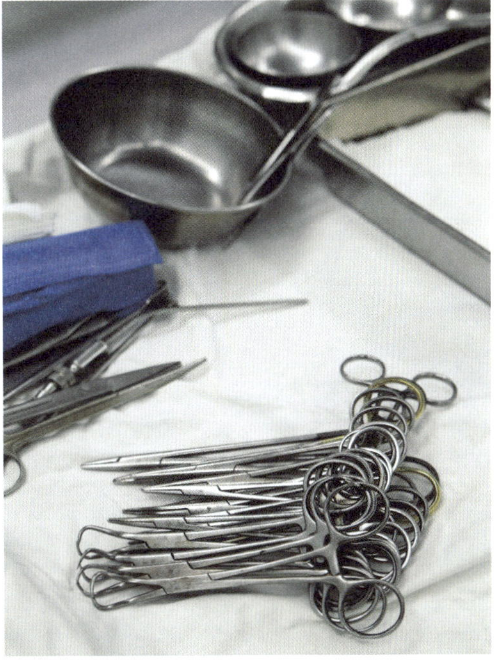

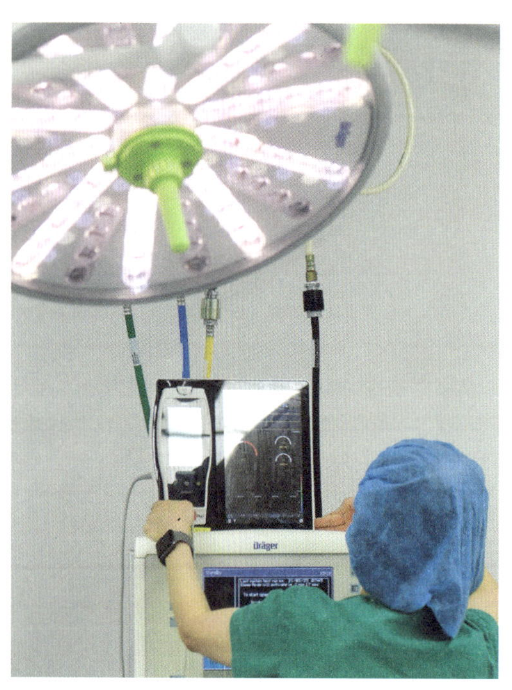
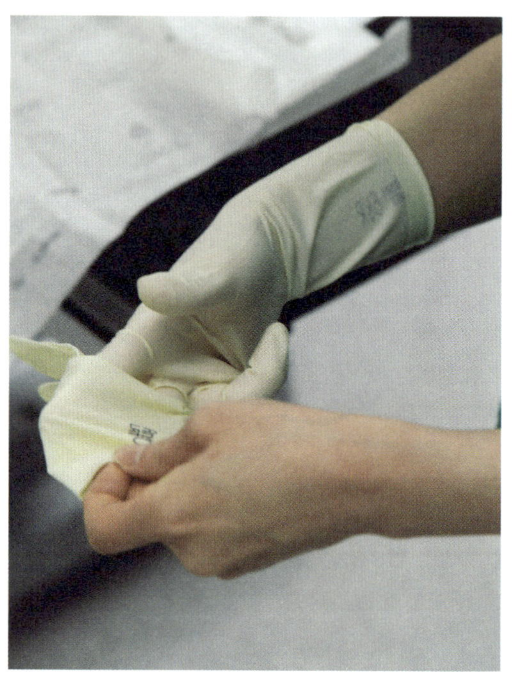

촌각을 다투는 곳. 뛰어야 하는 경우가 흔하다. 속도가 생명인 곳은 고속도로가 아니라 병원이다. 마치 시계 초침이 발에 달려있는 것 처럼 움직인다. 접수대와 수술실, 병실에선 갖은 소리들이 어우러져 교향악을 연출한다. 번호표, 산소호흡기, 가위, 수술 조명, 체크리스트 등 병원의 모든 도구는 각자의 소리를 가지고 있다.

소리는 병원의 커뮤니케이션이다. 소리가 잘 나는 건, 호흡이 잘 맞다는 뜻이기도 하다. 협업은 손뼉처럼, 서로 맞닿아야 비로소 소리를 낸다. 들숨과 날숨도 리듬이 맞아야 숨을 잘 쉴 수 있듯이. 12음계 이상으로 이루어진 사운드 스케이프를 연출하는 곳이 바로 병원이다.

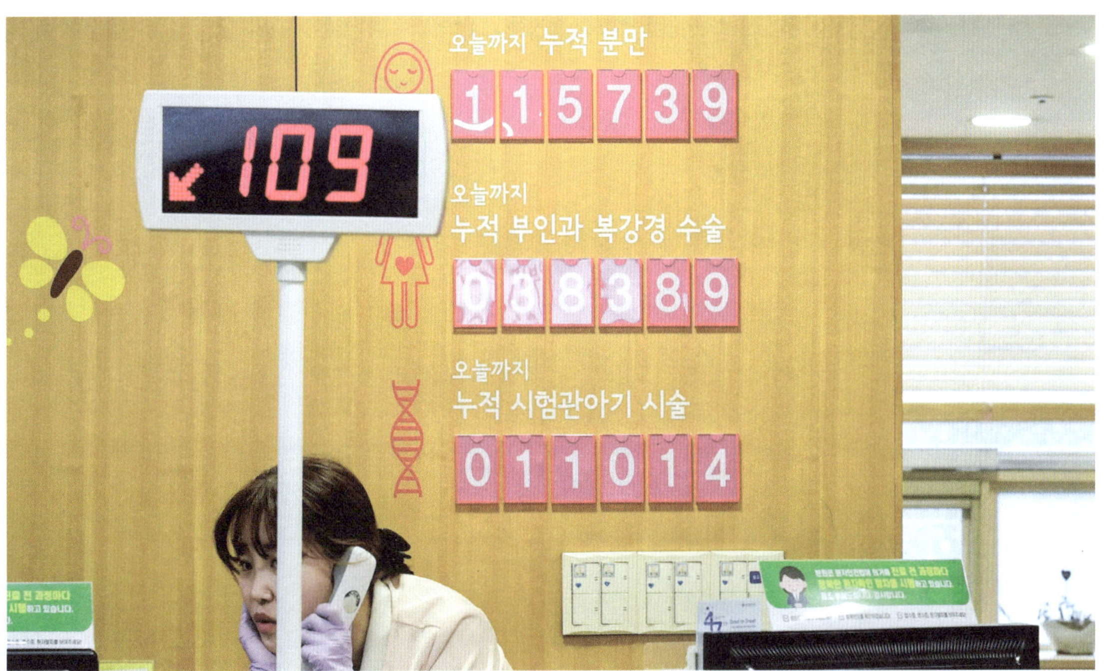

손끝에서
이어지는
치유

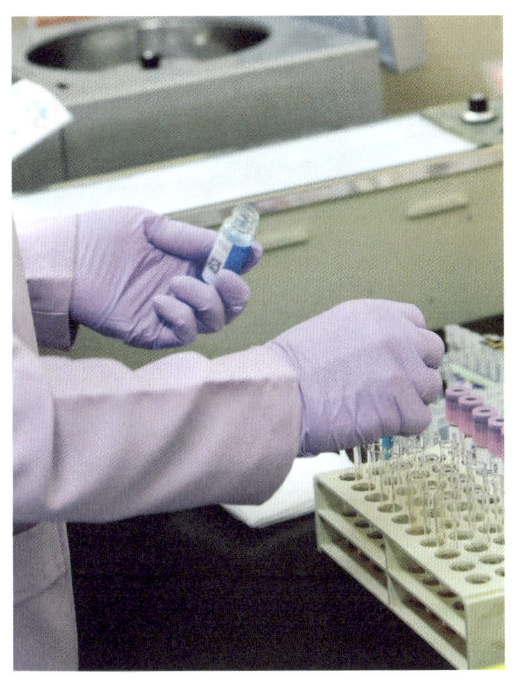

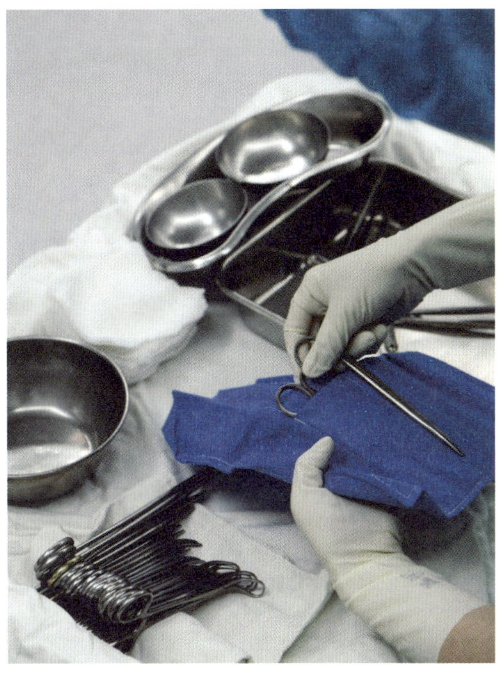

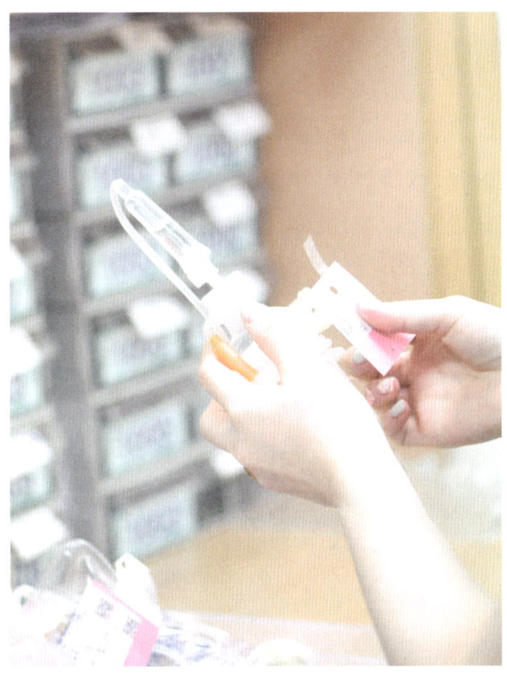

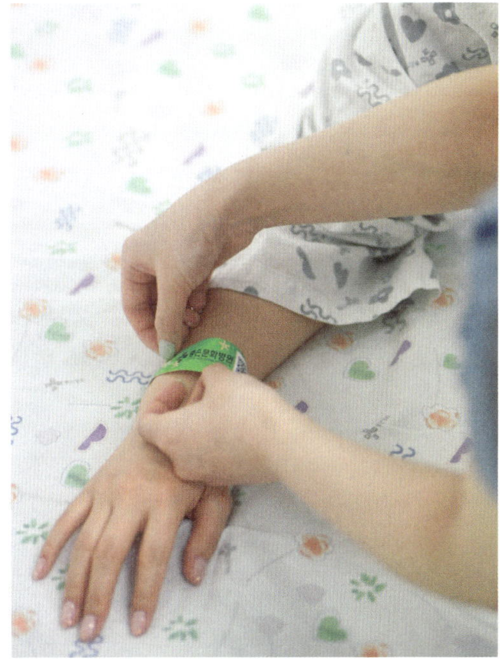

전력 연간 소모량

좋은강안병원 / 2020년 ~ 2024년 / 단위 : KW

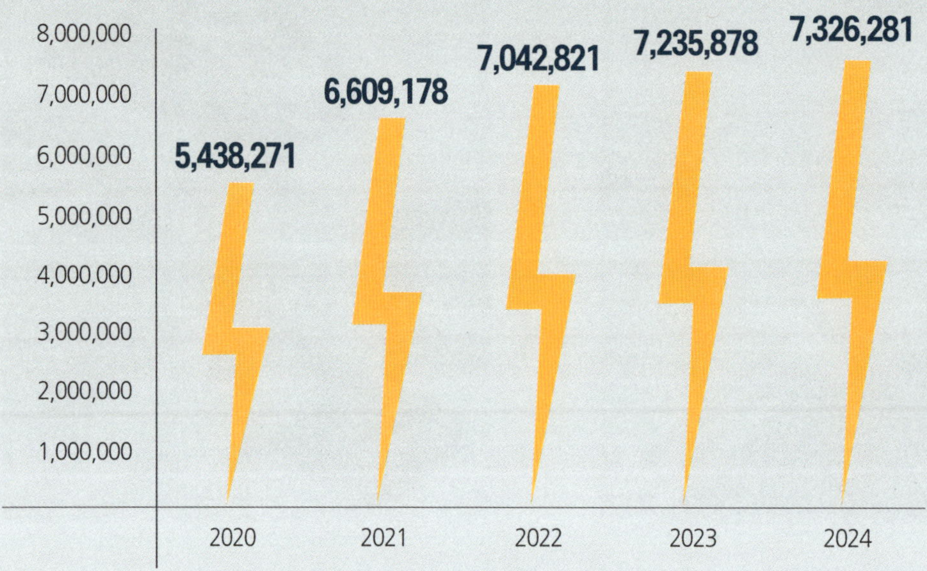

A4용지 연간 소모량

좋은삼선병원 / 2020년 ~ 2024년 / 단위 : 권

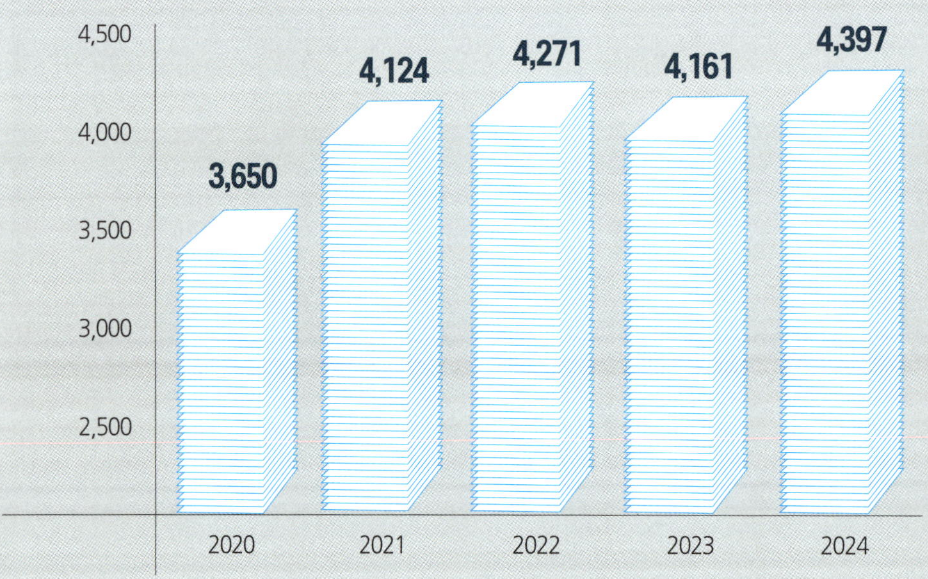

전력 연간 소모량

좋은강안병원 / 2020년 ~ 2024년 / 단위 : KW

1회용 주사기 연간 소모량

좋은삼선병원 / 2020년 ~ 2024년 / 단위 : 개

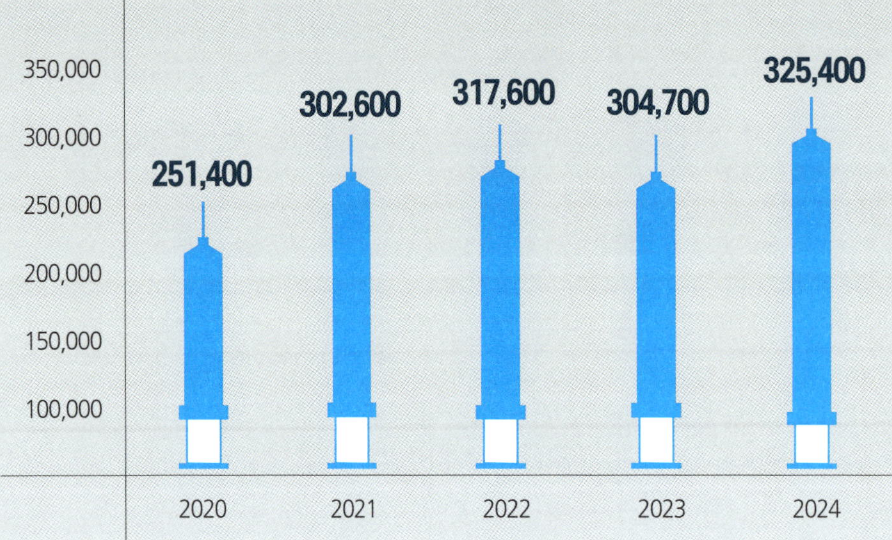

반창고 연간 소모량 (3M 정품 면실크 반창고)

좋은삼선병원 / 2020년 ~ 2024년 / 단위 : 개

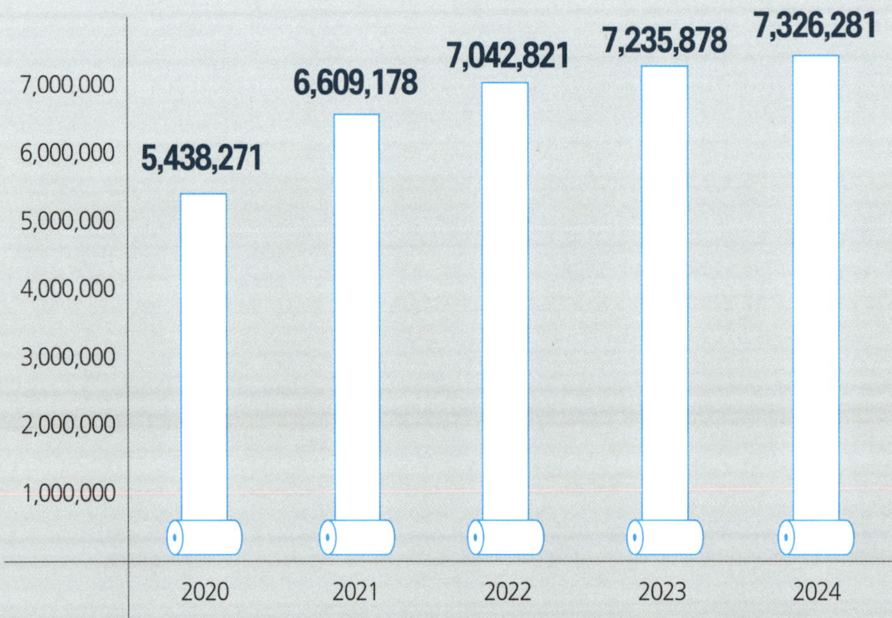

병원엔 불필요한 것이 비치될 공간이 없다. 모두가 쓸모로 자리 잡는다. 심지어 자연인 햇빛 한 장도 귀중하게 취급한다. 그런데 병원에서 사용되는 각종 서류, 문구류, 치료에 쓰이는 일회용과 다회용 사물들은 주목받지 못하는 경우가 많다. 일회용 쓰임새로만 만들어졌다고 해도, 그 사물은 생명을 보존하는 데 기여한 사물이다. 디지털 시스템으로 '전환'되더라도 궁극적으로 '종이'가 완전히 폐기되지 않는다. 사물들은 제 쓰임을 새로 발명하게 될 것이 분명하다. 거즈나 붕대가 병원에 도입된 이후 얼마나 많은 시간이 흘렀을까를 생각하게 된다. 병원에서 더 이상 쓸모를 잃어버린 사물들에게도 역사를 부여할 필요가 있겠다.

짙어지다

시간이 만든 감각의 깊이

●●●●

오랫동안 한 자리를 지킨다는 것은
병원과 함께 성장해 왔다는 뜻이다.
좋은병원들에는 오래 일한 사람들이 많다.
이들은 시스템을 만들고
문화를 함께 만들어온 구성원이다.
묵묵히 이어온 노력과 협업은
병원의 흐름을 지탱해왔다.
그들의 경험과 관계는 병원의 방향을
더욱 단단하게 만든다.
시간이 만든 감각은 병원의
중요한 자산이 된다.

시간 속 이야기를 듣다
장기 근속자들의 감각

오래 일한 사람들이 많다는 것은 그 직장의 가치를 드러내는 것이기도 하다. 잦은 이직이 대세가 된 것처럼 여겨지지만, 그만큼 자신의 자리에서 열정을 가진 사람이 많다는 것을 뜻하거나 그 직장이 오래 있을만큼 그 사람에게 비전을 제시해주고 있는 것이기도 하다. 즉, 그곳에서 일을 더 잘할 수 있도록, 성장하도록 하는 좋은 직장이라는 의미이다. 일을 더 잘할 수 있는 환경이 아닌 곳에서, 그에 따른 보상이 없는 곳에선 직장도 자신도 머물기 어렵다.

한 곳에서 오래 일한 사람들은 스스로는 알지 못하지만, 독특한 지혜를 공유해 주는 경우가 많다. 그들은 일 자체에 대한 전문가이지만, 또한 일한 곳에 대한 전문가이기도 하다. 통상적으로 이야기하는 '유연성'을 통해 업무를 처리한다는 의미가 아니다. 어떤 터전의 역사와 함께 한다는 것은 오래 일하지 않은 사람은 알 수 없는 그곳만의 느낌과 리듬을 감각하고 있기 마련이다. 마치 터전과 그 전문가들이 분리될 수 없을 것처럼 말이다.

일하는 사람들끼리 손발이 착착 맞는다는 말은 그 리듬이 몸에 체화되어 있기 때문이다. 좋은병원들에는 이런 사람들이 많다. 고객을 직접 대면하지는 않고 또 의사와 간호사와도 직접 만나지 않지만, 병원 전체의 리듬을 조율하거나 돕는 사람들 없이는 병원의 흐름은 유지, 지속되지 않는다. 급속한 환경변화에도 병원이 굳건히 버틸 수 있는 것에는 보이지 않는 사람들이 매일매일 성실하게 자신의 일을 해왔기 때문이다.

적어도 좋은병원들에서 오래 일한 이들의 특징 가운데 하나는 그들이 이미 만들어져 있는 시스템 안으로 들어온 사람들이 아니라는 것이다. 달리 말해, 이들은 병원의 시스템에서부터 물리적인 병원의 공간 그리고 그 내부에 있어야 할 각종 의료기구와 집기류를 채운 사람들이라는 것이다. 좋은병원들이 설립된 이후로 꾸준히 성장을 해왔던 것은 이런 '창립'의 기조와 에너지를 오래 일한 사람들이 감각적으로 갖고 있었던 것이다.

하나같이 이들이 자부심과 뿌듯함을 내비치는 것도 우연이 아니다. 함께 만들어 간다는 감각은 일반적인 병원에선 갖기 어려운 요소 가운데 하나이다. 이 때문에 좋은병원들의 장기 근속자들은 '변화'가 귀찮고 어려운 일만으로 주어지지 않는다. 거의 대부분 이 변화에 '적응'하기 위한 분투를 '함께' 하고 있다는 느낌을 받게 되는데, 이것이 다만 공허한 말에 끝나지 않는 것도 특징이다. 왜냐하면 꾸준히 이들이 공부해왔기 때문이다.

의사에서 시설관리에 이르기까지 거의 전 영역에서 좋은병원들을 지키는 사람들에게는 일종의 '비전'이 자리잡고 있고, 그 비전이 자신의 지위나 직급의 문제에만 한정되는 게 아니라, 좋은병원들의 성장과 연관해 사고되고 있다는 점에서, 이들의 '공부'는 좋은병원들의 문화로 주어진 것이라고 해야 할 것이다. 자신의 불충분함이 끼칠 수 있는 어려움과 난관이 발생하지 않도록 '공부'함으로써 좋은병원들 전체의 역량을 올리는 순환이 이들이 만들었다고도 할 수 있다.

이 때문에 이들의 인터뷰에선 대체로 '가족'을 중요한 키워드를 내세운다. '공부'만으로는 '문화'에 이르지 않고 자신의 이익으로만 한정될 수 있다. 일하는 사람들에게 '공부'와 '지식'만큼 중요한 건 '관계'다. 즉, 직장에서의 관계가 원활하고 부드럽지 않으면 공부하는 문화는 '이직'을 위한 징검다리 밖에 되지 않게 된다. 따라서 '공부'와 더불어 이들이 관계적 형식으로 안착시킨 것은 '가족'과 다름없는 '협업'과 '분위기'라고 할 수 있다.

좋은병원들에서 오래 일한 사람들이 안착시킨 것은 이 두 가지이다. 공부와 협업을 위한 분위기 말이다. 이 두 가지 모두 '경영진'이 강조한다고 해서 되는 것은 아니다. 오히려 이들의 자율성과 자발성이 아니라면 생성되지 않는다. 아무리 강조해도 공부하지 않는 아이들이나 아무리 형제, 자매끼리 친하게 지내야 한다고 강조해도 싸울 뿐인 사례는 차고 넘친다. 그러므로 좋은병원들에 자리 잡은 이 문화는 좋은병원들의 전통이 되었다고 할 수 있다.

좋은병원들에서 오래 일하지 못하는 경우가 있다면, 그건 대체로 이 두 가지 영역에서 비롯될 수 있음을 의미하는 것이기도 하다. 즉, 입사 후 공부를 하지 않거나 협업 역량이 마련되지 않거나에 해당된다고 할 수 있다. 거꾸로 오래 일을 한다면, 이 두 가지 역량이 몸에 쌓여 있다는 의미이기도 하다. 더불어 최소한 이 두 가지 역량이 좋은병원들의 '미래'와 직결되어 있다는 것도 짚어야 한다. 물리적으로만 확장한다고 해서 병원이 성장할 순 없는 것 아니겠는가.

달리 말해 이들의 두 가지 역량은 급속하게 변화하는 내외부 환경의 변화에 기민하게 대응하고 몸바꿈을 할 수 있는 좋은병원들 전체의 역량에 해당한다. 최첨단 기술의 문제에서도, 가장 아날로그적인 문제에 이르기까지 단 하나도 허투루 생각할 수 없는 '병원'에서 이들이 수행하고 쌓아온 지식과 지혜에서부터 동료들 사이에 이루어지는 관계와 커뮤니케이션의 능력은 더할 나위 없이 중요한 것으로 안착해 있는 것이다.

그런 점에서 좋은병원들은 사실 진짜 '가족'에 준하는 가족이 된 것인지 모른다. 누가 공부하라고 채근하며, 형제와 자매 사이에 친하게 지내야 한다고 독려하겠는가. 이런 말을 하는 것도 '가족' 외엔 없다. 어쩌면 가족보다 더 가족같은 관계 때문에 실제 가족들과 보내는 느낌이 든다는 직원들이 있을 정도라고 해야 할지 모른다. 일하는 데서 마음이 편하지 않다면 아무리 그렇게 지내라고 해도 안 될 것이다. 그러니 이런 상태를 '사랑'이라는 단어를 빼고 말하기는 불가능할 것이다.

매일매일 성실하게 일하는 것이 아니라 그런 성실함 자체를 가능케 하는 동력으로서 공부와 부드러운 관계 그리고 이로부터 자연스럽게 생성된 '사랑'이 좋은병원들 전체를 감싸고 있다고 해야 할 것이다. 환자와 고객에 대한 '사랑'도 좋은병원들의 문화와 전통이 '자연화' 해온 마음이 아닐 수 없다. 억지로 사랑해라고 해서 사랑할 순 없으니 말이다. 그러니, 좋은병원들에서 환자와 고객이 따뜻한 느낌을 받았다면 그건 사랑이었을 것이라고 말할 수 있겠다.

좋은병원들에 30년에 이른 장기근속자는 서른 명이 넘는다. 그이상도 여럿이고, 그 보다 적은 장기근속자는 헤아리기 어려울 정도다. 그만큼 좋은병원들에서 초기부터 함께 병원의 문화를 일군 사람들이 여전한 것이고 또 앞으로도 여전할 것임을 의미하는 것일 테다. 그런 점에서 좋은병원들이 급격한 변동의 과정에서도 굳건히 지역사회와 글로벌 세계에서 사람들의 생명을 건사하고 돌볼 수 있을 것이라는 예측은 당연한 수순이라고 해야 할 것이다.

병원을 제대로 보려거든 일하는 사람들의 근속연수를 보는 것이야말로 병원을 측정하는 또 다른 바로미터일지 모르겠다. 이들의 목소리를 하나하나 담을 수 없다는 게 아쉬울 정도로, 다종다양한 삶과 특별한 생애가 귀하게 대접받을 수 있는 기회가 또 다시 올 것이다. 좋은병원들이 각각이 50년을 넘어 100년을 맞이할 때까지 또 그 이상 이어진다면, 일하는 사람들의 살뜰한 가치가 잘 유지되었기 때문일 터이다. 그렇게 되기를 간절히 바란다.

매일이 감동이다

좋은문화병원 산부인과 부장 **김경서**

김경서 부장 스스로 잘 알았을 것이다. '스카웃' 되었으니(?), 자존감과 어깨가 으쓱했을 법도 하다는 것을 말이다. 그러나 출근하자마자 알게 되었다고도 했다. 외래 환자 하루 100명, 분만 한 달에 600건, 당직 5개를 소화하면서, "아, 빡세다"가 절로 토해졌으니 말이다. 지금은 상상할 수 없는 출산율 덕택에 정말 눈코 뜰 새 없이 바쁘게 분만과 수술에 매달려 하루하루를 지내왔다. 눈 밑 다크써클은 사실 보지 못했으나, 한 때는 계곡을 이루었을 수도 있겠다는 생각이 절로 든다. 그 시간을 잘 지나올 수 있었던 것은 혼자만의 의지는 아니었다. 병원을 찾는 환자들이 "좋은문화병원 직원들은 다 다정하고 친절해서 저한테 다 잘해줍니다."라 말하는 이유가 김경서 부장의 말대로 친절함이 쌓여서 문화가 되었기 때문이다.

무엇보다 오랜 시간 산부인과 의사로서 살아올 수 있었던 것은 의사로서 받는 감동이 무엇과도 바꿀 수 없는 것이기 때문이다. "매일 매일이 감동이지만, 힘든 수술이나 어려운 환자가 완쾌되었을 때 늘 감동을 받는다"고 했다. 의사로서의 소명이 생명을 지키고 지속하는 데 있는 것이라면, 그 소명이 할당해 주는 기쁨은 결코 한 번으로 끝나지 않는다는 것을 김경서 부장의 말에 잘 드러낸다. "하루하루 아무 사건 사고 없이 행복해하는 환자를 보며 '감사하다'를 속으로 외칩니다."라고 말하는 것도 허투루 하는 말이 아닌 것이다. 감사가 몸에 밴 의사에게 진료와 치료를 받는 환자들의 마음이 어떨지는 굳이 말하지 않아도 충분하리라. 의사로 일한다는 것은 감동으로 산다는 것이다.

언제나 배우는 마음으로,
언제나 낮은 자리에서

좋은문화병원 경영부원장 **황종식**

군 제대 후, 잠시 머물렀던 절에서 사법고시를 준비하던 시절이 있었다. 고요한 산사의 하루 속에서 자신의 인생 방향을 깊이 고민했다. 시험은 끝내 뜻대로 되지 않았고, 우연히 신도분의 권유로 병원이라는 새로운 길에 들어서게 되었다. 의사는 아니지만, 병원이라는 공동체 안에서 행정 전문가로 성장할 수 있다는 점은 그에게 큰 의미였다. 첫 출근날, 황종식 경영부원장은 이 자리가 삶의 또 다른 시작점이 될 수 있음을 직감했다고 한다. 가장 기억에 남는 순간을 묻자, 황종식 경영부원장은 2015년 메르스 사태를 떠올렸다. 당시 좋은강안병원 행정부장으로 재직 중이었고, 병원 내 감염 확산을 막기 위해 전면 폐쇄라는 초강수 조치가 내려졌다. 의료진, 환자, 간병인, 직원 모두가 격리된 상황에서, 병원은 보건복지부로부터 빠른 시간 안에 코호트 격리 해제를 받아냈고, 그 결과 병원은 진료 정상화와 지역사회의 신뢰 회복이라는 성과를 얻을 수 있었다. 자신이 젊었을 때 열정이 앞선 탓에 팀원들을 힘들게 한 적이 있었다며 조심스레 고백하기도 했다. 그럼에도 불구하고 함께해온 선후배들과 동료들 그리고 특히 구정회 회장님의 존재가 오랜 시간 그를 지탱해 준 힘이었다고 말했다. 일을 좋아했기에 여기까지 올 수 있었다는 황종식 경영부원장은, 병원이 자신의 꿈을 이룰 수 있는 기회의 공간이었다고 말한다. 황종식 경영부원장은 앞으로 지난 30년간 고객과 동료에게서 배운 지혜와 경험을 나누는 데 힘쓰고 싶다고 한다.

함께 가꾼 정원의 이름으로

좋은강안병원 경영부원장 **문나겸**

좋은삼선병원이 개원하던 시절, 한 통의 소식이 전해졌다. 그 소식은 누군가에게는 새로운 출발의 신호였고, 문나겸 경영부원장에게는 인생의 한 방향을 정하는 결정적인 계기가 되었다. 지인을 통해 병원에 입사하게 되었고, 이후 좋은강안병원이 개원할 때는 간호부 책임자로서 중추적인 역할을 맡게 되었다. 그 당시를 떠올리면, 두려움과 설렘이 뒤섞인 마음이 가장 먼저 떠오른다고 한다. 잘 해내겠다는 다짐이 강했고, 하루하루 정신없이 흘러갔다. 개원과 동시에 병상 400개를 오픈하며 분주한 나날이 이어졌고, 이듬해부터는 수련병원으로서의 준비와 각종 평가가 이어졌다.

의료기관 인증 평가 등 모든 과정은 눈물과 단합으로 이뤄졌고, 그 시절이 지금도 종종 그리울 때가 있다고 한다. 그 시간 동안 병원은 참 많이 변했다. 별관, 희망관과 신관이 늘어나며 공간이 확장되었고, 질 높은 진료와 서비스로 이제는 부산을 대표하는 병원으로 성장했다. 그 안에서 함께 성장해 온 그녀에게 그 시간은 자부심이자 보람이었다.

문나겸 경영부원장은 가족보다도 더 많은 시간을 함께 보낸 동료들을 떠올리며 감사한 마음을 전했다. 물론 서로의 시각 차이에서 오는 오해도 있었지만, 진심은 늘 같았다고 말한다. 오랜 시간 한 자리를 지킨 원동력에 관해 묻자 "그 자리가 좋아서"라고 말했다. 병원은 나무를 심고 꽃을 피울 수 있었던 정원 같은 공간이었다. 수처작주 입처개진(隨處作主 立處皆眞). 머무는 곳에서 주인처럼 살아가다 보면 그곳이 곧 진리가 된다는 말처럼 살아오려 노력했고, 어느덧 시간이 흘러 오늘에 이르렀다.

병원이 변해야 사람이 산다

좋은삼선병원 사무국장 **최철욱**

최철욱 사무국장은 1995년 좋은삼선병원이 설립될 때 입사해 좋은문화 · 강안병원을 모두 거치면서 행정을 맡아왔다. 일곱 번 발령을 받아 좋은병원들의 행정을 두루 맡은 뒤, 다시 처음 입사했던 좋은삼선병원으로 돌아온 것이다. 원래 최철욱 사무국장은 행정업무로 사회 커리어를 시작한 것이 아니었다. 영상의학과에서 일을 시작했고 거기에서 평생의 반려를 만나 좋은삼선병원이 설립되는 시기에 결혼을 했다. 병원의 설립 시기와 결혼기념일이 겹쳐 있는 셈이다. 최철욱 사무국장의 아내도 한때 좋은강안병원의 진단 검사의학팀에서 근무했다고 한다.

최철욱 사무국장은 좋은병원들의 가장 큰 변화를 두 가지로 꼽았다. 하나는 스마트 병원이다. 병원은 사람손이 많은 가는 곳이지만, 효율성을 높이는 것도 필수적이다. 구글과 협업해 GWS 시스템을 도입하는 것도 이 때문이다. 이 시스템은 복잡한 서류를 체계적으로 관리해 업무의 효율성을 높이는 데 목적을 둔다. 그는 새로운 시스템을 도입하는 과정이어서 직원들과 함께 꾸준히 공부를 해야 한다는 말을 덧붙였다. 물론 사람 손을 업무에서 완전히 뺄 순 없다. 새로운 시스템은 결국 사람 손을 보완하고 돕는 과정일 수밖에 없다고 했다.

다른 하나는 외형적 변화이다. 입사 이래 좋은병원들 네트워크가 확장되었다. 그 뿐만 아니라 각 개별 병원의 내부 변화도 아주 큰 변화였다. 지역사회의 변화와 그에 대한 대응을 위해선 병원의 체질을 변화시키는 것도 필수적인 사안이었다. 최철욱 사무국장이 수술실 리모델링 과정에서 진땀을 흘렸으면서도 보람을 느낀 것도 이 때문이었다. 그는 이런 외형적 변화의 한 가운데서 행정도 단지 '사무'에 제한된 게 아니라 사람의 생명과 직결되어 있다는 것을 이해했다고 한다. 병원에서의 변화의 시간이란 사람을 살리는 시간이라는 것을 그는 예리하게 감각하고 있는 것이다.

입맛이 바뀌었다

좋은삼정병원 사무국장 **이경락**

이경락 사무국장은 제대한 직후 그의 표현대로라면 '까까머리'로 '문화병원' 영상의학과
에 입사해 34년 동안 좋은병원들에서 일을 하고 있다. 90년에 입사해 거의 5년에 병원
이 하나씩 들어서는 데에 힘을 보태왔다. 좋은병원들 네트워크가 단단한 매듭과 연결
로 가족이 될 수 있었던 것은 이경락 사무국장의 말 없는 기여가 큰 몫을 차지하고 있다
고 해도 좋다. 실제로 가장 중요하게 생각하는 것도 '가족'이다. 이는 업무에서도 개인기
록이 아니라 팀플레이를 중시하며 부서 간, 직종 간 융합을 중요하다고 믿는 이경락 사
무국장의 '태도'에도 그대로 녹아 있는 것이기도 하다. 달리 말해, 부서와 직종을 가리지
않고 새로운 가족을 꾸준히 만들어오는 것인지도 모른다.

사실 업무에서도, 사적 생활에서도 가족을 중시하는 것은 이경락 사무국장이 일하는
곳이 '고향'이 아니기 때문이다. 고향에서 떠나 낯선 곳에서 일하는 것이 특별한 일
은 아니지만, 그럼에도 타지에서 가족을 일구고 자녀들이 쑥쑥 자라고 있는 것
은 좋은병원들에서 이경락 사무국장을 가족으로 받아들였기 때문이다. 아니,
이경락 사무국장이 일하는 곳을 스스로 '고향'으로 만들었기 때문이라고 해야
타당할지 모르겠다.

이상화되고 낭만화된 고향이 아니라 매일매일의 삶을 일구는 현
장이 본인에게는 고향이자 가족이라는 것이다. 아내와 한 번씩
맛집 탐방에 나선다는 그의 입맛이 어떨지 궁금해진다. 맛이야
말로 고향이자 가족이기도 하니까 말이다.

요즘 식으로 말하자면,
도파민이 솟았다

좋은부산요양병원 행정부원장 **김태곤**

김태곤 부원장은 잘 알고 있다. 몸에 밴 습속이 삶을 꾸려가는 데 중요하다는 것을 말이다. 허투루 몸을 잘못 쓰지 않기 위해 매사에 조심하고 주의 깊은 경계를 몸에 쌓아두고 있다. 물론 이런 자세가 자칫 경직되어 보일 수도 있겠지만, 오래 일한 사람들이 갖는 유연성을 놓치지 않고 잘 간직하고 있을 정도로 삶의 지혜도 넉넉히 쟁여두고 있다. 더불어 김태곤 부원장은 일을 '신나고' '재밌게' 해 온 사람이니, '경직'과는 거리가 멀어도 한참 먼 사람이다. 재미없이 일한 사람치고 한 직장에서 오래 일한 사람을 찾기가 어려우니 일에서 재미를 추구하고 즐거움을 만들기 위해 열심히 일해온 것이라고 해야 적절할 것이다. 깔끔한 즐거움을 좋은병원들에서 찾았다고 해야 할까. 실제로는 김태곤 부원장이 좋은병원들 네트워크를 하나씩 설립하는 데 많은 역할을 담당하면서 고생한 순간들보다 병원이 자리 잡는 모습에 '엔돌핀 넘치는 성취감'을 가졌던 것도 우연이 아니었다. 고생이 즐거움의 다른 편에 놓여 있는 '새로운 경험'이라면 사실 고생과 즐거움은 한 세트로 주어진 것인지도 모른다. 김태곤 부원장이 고생의 경험과 기억에서 즐거움을 얻을 수 있었다고 보는 것은 우리 시대에도 시사하는 바가 크다. '즐거움 산업' 혹은 엔터테인먼트 산업이 하나의 감각만을 추구해서는 결코 소비자들의 도파민을 자극할 수 없을 것이라는 의미이다. 병원이 사람들의 고통을 점차 해소하는 데서, 성취감을 쌓는다는 것을 잘 알고 있는 것인지 모른다.

변함없고 단단한 지킴이

좋은문화병원 관리부장 **서옥희**

회사에서 오래 일한 여성들을 만나는 것은 쉽지 않다. 여러 이유가 있다. 차별적인 구조에서부터 출산과 육아로 인해 생기는 경력 단절에 이르기까지 다양한 요인을 들 수 있다. 여성이 한 직장에서 오래 일하기 위해서는, 무엇보다도 직장이 지속적으로 일할 수 있는 제도적 여건을 마련해주어야 한다.

서옥희 부장의 직장 생활이 순탄했던 것만은 아니다. 그녀도 결혼이 임박해 회사를 그만둘 뻔했고, 삶의 굴곡이 있을 때마다 그만둘 위기에 놓이기도 했다. 하지만 좋은병원들이 추구하는 가치와 이상이 여성을 차별하거나 배제하기보다 독려하고 감싸는 데 있어, 그 와중에도 세무회계학과로 대학진학과 졸업을 하는 등 경력을 더 쌓으며 일을 이어왔다. 성장하는 병원에 입사한 덕분에 자신도 변화와 성장에 발맞춰서 나가는 재미가 있었다고 했다. 일개 사원으로 입사했으니 병원의 성장에 큰 기여 했다고 생각하진 않았지만, 규모와 인력이 늘어나는 걸 보면서, 일하는 재미가 있었다고 했다.

서옥희 부장이 생각하는 좋은병원들은 '믿고 찾을 수 있는 병원'이다. 들어오는 재정에서 지출을 합리적이고 효율적으로 운영해야 병원을 건강하게 만든다는 생각을 한다고 했다. 관리팀과 재무팀은 의료 현장에 있는 사람이 진료를 잘할 수 있도록 돕는 것이 핵심이라고 했다. 그녀는 37년간 일해 온 자신에 대해 "여태껏 열심히 살아서 고생 많이 했다고 말하고 싶다고, 마무리를 아름답게 할 수 있는 사람이 되었으면 좋겠다."라는 스스로에 대한 다짐이자 당부로 인터뷰를 마쳤다.

미안하지만,
열심히 일해야겠다

좋은삼선병원 원무부장 **류수영**

휴가가 있어도 거의 가지 못한 사람이 있다. 류수영 원무부장이 그렇다. 사실 '일'과 '동료'와 살아왔다고 해도 틀림이 없다. 그녀가 말버릇처럼 '식구'라는 말을 직장 동료들에게 반복해서 쓰는 건 그만큼 자기 일을 사랑하고 자신에게 주어진 직분을 최선을 다해 충실히 해내기 때문이다. 심지어 남편을 만나게 된 것도 상사였던 한 분이 정동진 기차표를 끊어서 데이트 자리를 마련해줬던 덕분이었다. 기차를 타면 내리기도 쉽지 않고 '일' 생각 그만하라고 말이다.

그래선지 퇴근 후 집에 가서야 아픈 증상들이 생긴다고 한다. 병원에선 아플 겨를도 없거니와 민원을 상대하기에도 시간이 부족하다. 직장 사람들을 '가족'처럼 여기며 일해왔으니, 류수영 원무부장에게 퇴근은 집을 떠나는 일이었고, 출근은 진짜 집으로 돌아가는 길이었을 것이다.

물론 한 곳에서 오래 일한 사람들이 공통으로 그러하듯이 '가족'을 잘 챙기지 못하는 것에 대한 미안함을 가지고 있다. 그러나 아이가 유치원을 다닐 때, 일을 그만뒀다면 경력을 유지하는 것은 불가능했을 것이다. 당시 마음이 힘들었지만, 그 순간을 가족과 함께 견디고 넘긴 것이, 경력 단절 없이 지금의 자리에 이를 수 있었던 이유라고 했다. 일하는 여성들이 출산 이후 돌아오려고 하지만, 끝내 돌아오지 못하는 것은 바로 그 '시간'을 어떻게 지나느냐에 달린 것이다. 류수영 원무부장은 어쩌면 일하는 여성들의 '모델'일지도 모른다.

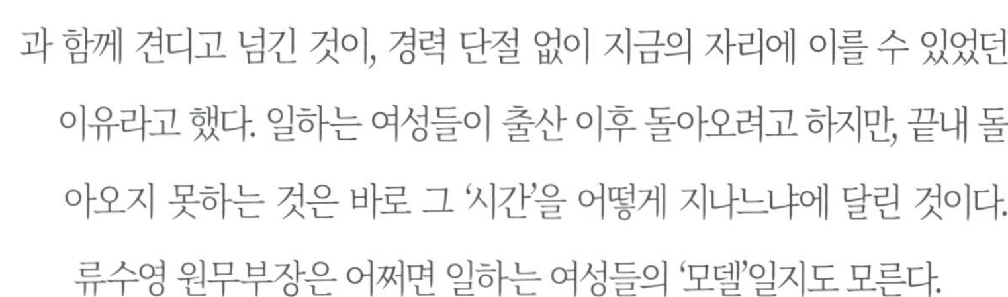

수술복이 피부가 된 사나이

좋은문화병원 수술지원팀장 **박명훈**

'전공'을 바꾸는 일은 어렵다. 음악 전공이 미술 전공으로 바꾼다고 생각해보라. 원래 전공은 치과기공이었으나 통합병원 수술실에서 2년 반을 근무하면서, 수술실이 제 적성에 딱 맞다는 것을 알게 되어 제대 후 문화병원 수술실에 입사해 지금까지 수술실에서 일하는 중이다. 삶의 과정에서 찾아오는 숱한 변화의 요구이자 기회를 잘 다독인 사람만이 그 변화를 자신의 몸에 쌓을 수 있는 법인데, 그 기회를 콱 움켜쥘 줄 아는 사람이었던 것이다. 물론 그 변화이자 기회를 붙잡기 위해선 '각고'의 노력이 동반된다는 사실을 놓쳐서는 안 된다. 붙잡는다는 말은 남들은 모르는 '노력'을 '외로움' 속에서 싸워 얻어야 한다는 것을 의미하기 때문이다.

한 곳에서 오래 일한 덕분에 '입사 후 수술실에서 태어난 신생아가 성인이 되어서 저희 병원에 입사한 직원들'을 볼 때 남다른 감회를 느낀다고 한다. 이런 감회도 병원이 '성장'하지 않았다면 불가능했을 경험이라는 것을 그는 잘 알고 있다. 말하자면, 병원도 병원에 불어닥친 변화이자 기회를 잘 붙잡고 '각고'의 노력을 구성원들이 모두 했다는 것을 의미하는 것이리라. 그래서는 함께 일하는 동료들을 모두 소중한 인격체로 존중하고 대우해야 한다는 것을 절감하고 이를 위해 매순간 부정적인 기류가 흐르지 않도록 경계하고 있다. 박명훈 수술지원팀장의 말대로 수술실의 분위기가 좋을 수밖에 없다. 또 그래야만 환자들에게도 좋기 때문이다. 박명훈 수술지원팀장이 수술실이 집처럼 편안하도록 만들고자 애쓰는 이유다.

좋은병원들 장기근속 현황(30년 이상)

2025년 3월 현재 / 단위 : 년

소속	이름	부서		입사일
설립자	구정회	좋은병원들 회장		1978-07-07
좋은문화병원	문화숙	병원장	산부인과	1978-07-07
	서옥희	행정부	관리부	1989-02-20
	박정순	간호부	중앙공급실	1989-10-01
	박명훈	간호부	수술실	1991-01-21
	김상갑	진료부	산부인과	1992-01-03
	이지현	간호부	산부인과외래	1993-02-22
	권혜란	간호부	유방외과외래	1993-06-01
	김경서	진료부	산부인과	1994-12-01
	황종식	행정부	행정부	1995-04-01
좋은삼선병원	최철욱	행정부	행정부	1995-04-01
	류수영	행정부	원무부	1995-04-01
	송재진	진료지원부	약제팀	1995-04-01
	원정흠	간호부	병동	1995-04-01
	최혜경	간호부	내과외래	1995-04-01
	정현희	진료지원부	진단검사의학팀	1995-04-01
	이양수	진료지원부	의료정보팀	1995-04-01
	강진옥	진료지원부	약제팀	1995-04-01
	황지혜	간호부	신경외과외래	1995-04-01
	박미정	간호부	내과외래	1995-04-01
	우운직	행정부	인사총무팀	1995-11-16
좋은강안병원	문나겸	행정부	행정부	1995-04-01
	정현주	원무부	원무심사팀	1995-04-01
	김상록	진료지원부	진단검사의학팀	1995-12-01
좋은삼정병원	이경락	행정부	행정부	1990-03-01
좋은선린병원	서병호	행정부	건강증진센터	1995-04-01
좋은부산요양병원	김태곤	행정부	행정부	1995-04-01

따뜻하다
한 끼의 식사가 만드는 회복

병원의 식사는
단순한 영양 공급이 아니라
회복의 일부이다.
씹기 어렵거나 입맛이 없는 환자를 위한
맞춤식이 정성스럽게 준비된다.
직원들의 건강을 위한 식사에도
세심한 배려가 담겨 있다.
따뜻한 한 끼가 환자와 의료진
모두에게 치유가 되는 곳,
바로 병원이다.

음식은
단순한 영양 공급이 아닌
또 다른 치유의 시작

밈처럼 되어버린 영화의 대사가 있다. "밥은 먹고 다니냐"는 말. 이 문장은 농촌사회학 연구자가 쓴 책의 제목이 되기도 했다. 한국 사회나 아시아에서 '밥'이 차지하는 중요성은 아무리 강조해도 지나치지 않는다. 식생활이 달라지고 먹을거리가 차고 넘치지만, 밥이 기본이자 근본으로 주어져 있기 때문이다. 문화인류학에서는 서양 사회가 '밀' 중심으로 식생활을 구축해 왔다면, 아시아에서는 '쌀'을 중심으로 문명을 이룬 것이라고 이해하기도 할 만큼 '쌀'은 아시아인과 한국인의 DNA에 깊이 새겨져 있다고 할 수 있다. 그러니까, 적어도 한국 사회에서 '밥'과 '쌀'은 같은 의미로 받아들여졌다고 해도 과언이 아니다. 1980년대의 숱한 '시'에서 빈번히 나온 시어 가운데 하나가 '밥'이었을 만큼, 몸과 사회를 이루고 지탱하는 기본이었다고 할 수 있다.

가령, 공동체적 생활 구조가 파괴되지 않았을 때, 집에 찾아온 이웃이나 타인에게 "밥 먹고 가라"는 말이 자연스러웠던 시절, 함께 밥을 먹는 일은 서로의 삶을 지탱해주는 일이었다. 상대가 아무리 마을에서 외면받는다고 해도, 한 끼 밥을 건네는 것을 주저하지 않았던 상호 보살핌이 자연스레 자리잡았던 것이다. 아직도 이런 경향은 오랜만에 만나는 사람들 사이에서 사용되기도 한다. '밥 한번 먹자'는 말로 말이다. 비록 실현 가능성이 낮고 지나가는 말로 사용되는 게 일반적이지만, 둘 사이를 잇고 연결하는 것이 '밥'이라는 것은 아직도 상실된 공동체적 감각이 남아 있다는 것을 방증하는 것일지 모른다. 하물며 아픈 사람이나 고통받는 사람을 위해 떠올리는 게 '밥'이 아닐 순 없을 것이다.

병원에서 '밥'이 그렇다. 병원 '밥'은 '맛'을 특권적으로 다루지는 않는다. 그래서 흔히 병원 밥이 '맛' 없다고들 하는 경향이 있다. 그러나 실제로 병원 밥이 '맛'이 없어서가 아니다. 맵고 달고 시고 짠 맛을 회복하는 몸을 위해 조절해 제공하기 때문일 뿐이다. '맛'은 있다. 회복하고자 하는 몸이 특권적인 몸에 자극적으로 반응하는 것이 몸에 긍정적일 수는 없을 것이다. 회복하는 몸에 가장 최적화된 영양과 칼로리를 제공하는 데 초점이 맞춰진 병원 밥은 혀를 통한 감각적 맛 대신 다른 '맛'을 제공하는 게 일반적이다. 입맛을 잃은 환자의 몸을 올리기 위한 '맛'이라고 해야 할 것이다. 흔히들 몸이 올라온다는 표현이 회복하는 몸이라는 것을 주지하면, 몸 저 아래에서부터 서서히 맛을 일으키는 것으로서의 '맛'을 제공한다는 것이다.

이 '맛'은 혀로 감각될 순 없다. 환자 자신이 회복하는 과정에서 보이지 않는 숱한 손길의 도움을 얻어서 먹고 자고 소화하는 것이니, 병원에서 받는 눈빛과 말투, 톤, 표정, 냄새와 같은 다른 '맛' 감각 기관을 통해 공감각적으로 맛 보는 것일 수밖에 없다. 일테면 환자의 기분도 '맛'을 본 결과라고 할 수 있다. 병원 밥은 병원 전체라는 양분이 구체적인 먹거리로 드러난 현장이라고 할 수 있는 것이다. 회복은 전방위적으로 이루어져야 하는 것이지만, 병원 밥은 그 전초기지라 할 수 있다. 마음을 북돋고 몸을 끌어올리는 의료 행위이기도 하다는 것이다. 병원에서의 회복은 생물학적인 몸을 조직하는 데만 있는 게 아니라, 회복하는 맛을 경험하는 과정이라고 해야 할 것이다.

보이지 않는
치유의 순간
환자를 위한 영양, 보이지 않는 식탁

밥이 주는 힘은 사소하지 않다. 영화 〈자산어보〉에서 정약전이 미래의 아내가 될 사람으로부터 문어를 베이스로 만들어준 탕을 먹고 순식간에 기력을 회복하는 인상적인 장면이 있다. 그 장면에서 회복했다는 사실보다 더 중요한 건, 음식을 내는 사람의 보살핌이다. 병원에서 음식을 만드는 건 집밥을 하는 것보다 더 조심스럽다. 대용량의 밥이 맛이 없을 가능성이 크고 환자나 고객은 집에서 먹던 밥을 떠올리려는 마음이 크기 때문이다. 그러므로 대용량 밥을 만드는 밥솥을 다루는 노하우가 중요하다. 수백 인분을 동시에 지을 경우, 일반적으로는 쌀의 찰기가 떨어지기 쉽지만, 좋은병원들의 밥은 윤기가 흐른다. 식당 여사님들과 영양사분의 매일매일의 고심이 느껴진다.

점심시간은
병원의 팀워크를 만든다
온기와 정성이 담긴 직원 식당의 하루

병원은 분주하다. 일과시간이 정해져 있지만, 24시간 가동되는 응급실까지 고려하면, 사실 멈추지 않는 곳이다. 따라서 병원에서 종사하는 사람들도 먹어야만 한다. 환자들만 먹는 게 아니다. 직원들의 끼니는 환자들을 회복시키는 동력이 아니던가. 허기에 빠지면 자신을 제어하기 힘들어지고, 기분이 나빠지기 마련이다. 끼니를 거른 직원들의 화나 짜증이 환자들에게 결코 긍정적인 영향을 줄 수는 없다. 속이 든든해야 환자를 돌보는 데 무리가 따르지 않기 마련이다. 그러니 직원들도 병원 밥을 먹는 데 빠질 수 없다.

좋은병원들에서 환자들의 식사와 마찬가지로 중요하게 여기는 것은 직원들의 끼니다. 좋은병원들에선 직원들에게 밥을 무상으로 제공한다. 그런 점에서 좋은병원들에선 끼니가 직원복지의 일환이라는 흔한 표현을 넘어선다. 말이 한 끼 식사를 제공한다고는 하지만, 사실 그 한 끼에 들어가는 비용과 수고로움은 전적으로 경영자가 감당해야 하는 부분이 아닐 수 없기 때문이다. 마음만 좋아서 될 일이 아니라는 것이다. 좋은병원들에서 일하는 사람의 수만 고려해도 만만찮은 일이다. 더군다나 무상으로 직원들에게 밥을 제공하는 것은 순수한 지출일 뿐이다. 아니, 이 비용을 통해서만 병원이 제대로 작동할 수 있다고 여기는 것이라고 해야 할 것이다.

그래서 점심시간에 직원전용 식당에서 직원들 모두가 줄을 서서 밥을 먹는 광경은 경영자가 아니더라도 그 의미를 알고 보면 참 뿌듯하게 느껴진다. 함께 밥 먹는 '문화'는 협력과 커뮤니케이션을 자연스럽게 이끄는 영양분이 되기도 한다. 두런두런 짧게 나누는 담소나 다른 병동의 동료들과의 만남을 통해 동일한 리듬감을 구축하는 것은 좋은병원들처럼 큰 병원에선 필수적인 것일지 모른다. 협력과 커뮤니케이션이 이루어지기 위해 따로 비용을 들이기보다는 함께 밥 먹는 '의례(ritual)'가 일상적으로 바탕을 형성하게 해주기 때문이다. 직원들 사이의 만남과 마주침이 일상적일 때, 협업도 훨씬 수월해진다.

계산하기 어려운 생산성이 함께 밥 먹는 일상을 통해서 가능해지기는 하겠지만, 이런 이유만으로 무상 식사를 제공하는 것은 아닐 것이다. 병원의 특성상 바깥에서 밥을 먹기 어려운 점도 고려되었을 것이다. 병원 밖에서 밥을 먹는 건 외려 불안한 일일 수도 있는 것이다. 환자를 중심에 두고 생각하는 좋은병원들의 지향은 병원 내에서 기존 조건이 해결될 수 있도록 해 치료에 차질을 빚지 않도록 하는 것이니까 말이다. 그런 점에서 '밥'이 하는 일이 정말 많다는 것을 새삼 감지하게 된다. 환자든, 직원이든 잘 먹어야 잘 된다.

조리장은 언제 밥 먹는가

좋은삼선병원 영양팀 조리장 **송승미**

'밥'에 대해서 사람들은 민감하다. 한 두 시간을 기다려서라도 밥을 먹는 일이 있을 정도로, 먹는 일은 중요한 일이다. 지상파와 SNS, OTT 서비스를 휩쓰는 콘텐츠도 '먹는 것'으로 이루어져 있는 것을 보라. 먹으려고 일한다는 말도 틀린 말이 아니다. 심지어 문명을 판가름하는 기준이 '밥'의 형태이기도 하다. 밀이냐, 쌀이냐. 외국의 병원에서 따뜻한 밥이랑 국이 나오겠는가. 아프더라도 한국에서 아픈게 낫고, 수술도 한국에서 받는 게 좋다. 밥이 좋은 병원이야말로 최고의 병원일지 모른다. 윤기 도는 밥과 반찬을 제 때 내기 위해 시간과의 전쟁을 벌이는 송승미 조리장의 하루는 그래서 숨 쉴 틈이라고는 없다.

그녀는 새벽 일찍 출근해서 저녁이 되어서야 식당을 겨우 떠날 수 있다. 아침부터 저녁까지 환자식과 직원식을 만드느라 종일 분주하다. 일반식을 먹기 어려운 환자들에게 내는 식사는 따로 챙겨야 한다. 알러지에서부터 병증에 따라 달리 음식을 조리해 제공해야 하는 경우도 있는 것이다. 또 좋은삼선병원의 음식엔 MSG를 쓰지 않기 때문에 재료 본연의 맛을 최대한 살려야만 한다. 이는 좋은 식재료를 사용해 한 끼를 낸다는 의미이기도 하다. 건강하되 영양과 맛을 모두 잡아야 하는 조리장의 손에 환자와 직원들의 '하루'가 달려 있다고 해도 과언이 아니다. 밥 먹는 일에는 갖은 삶의 정서들이 모두 녹아 있기 때문이다.

정작 송승미 조리장은 퇴근 후 집에서 식구들에게 밥을 만들어주기가 쉽지 않다. 녹초가 되는 탓이다. 하루 종일 마스크를 착용한 채로 음식을 만드는 일은 체력적으로 어려움을 동반할 수밖에 없다. 신혼 초기에 남편에게 여러 음식을 '실험'처럼 해주었던 탓에, 요즘은 왜 안 해주냐는 투정을 듣기도 하지만, 그럴 몸의 여유가 남아 있지는 않다.

퇴근해 바로 눕지는 않지만, 앉아서 가만히 몸을 두는 것이 일과에서의 피로를
회복하는 방식인지 모른다. 가끔 환자들이 밥을 먹은 뒤에 쪽지로 전해주는 감사
의 말에 송승미 조리장은 힘을 또 얻는다. 무엇보다 그녀는 남편과 딸의 격려가
일하는 데 큰 힘이 되고 있다며, 감사의 말을 덧붙인다.

잘 먹어야
잘 낫는다

한 끼의 식사는 치료와 회복의 연장선에 있다.

병원의 주방은 눈에 보이지 않는

의료 현장이자 환자의 건강을 책임지는 공간이다.

음식은 단순한 영양 공급이 아닌 또 다른 치유의 시작이다.

따뜻한 한 끼는 건강한 내일을 위한 첫걸음이다.

산모식(미역국) 연간 소모량

좋은문화병원 / 2020년 ~ 2024년 / 단위 : 식

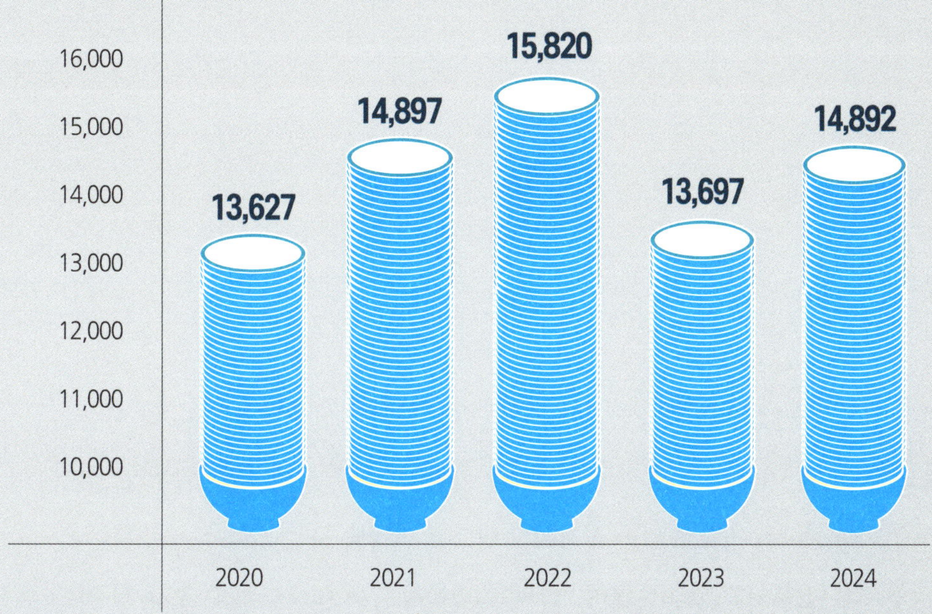

쌀, 미역 사용량

좋은문화병원 / 2024년 / 단위 : kg

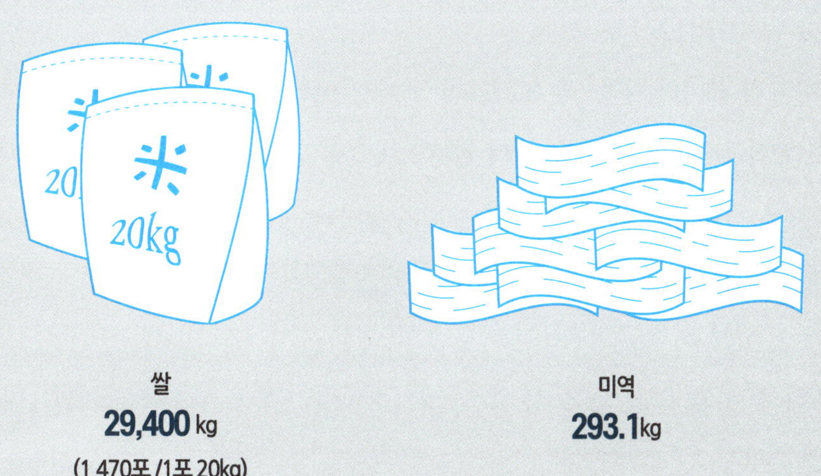

쌀
29,400 kg
(1,470포 /1포 20kg)

미역
293.1 kg

회복한 사람들의 편지

안부 인사 가운데 '밥 먹었냐'는 말은 잘 못 먹고 살아서 생긴 표현이라고들 하지만, 중요한 건, '밥'이라는 것이 서로의 관계를 밀착시키는 언어이자 현실이라는 점이다. 한국 사회에선 밥으로 말을 시작하고 밥으로 안녕을 묻는 것이 몸에 깃들어 있는 것이다. 말과 커뮤니케이션에도 '밥'이 내밀하게 들어 있다고 해도 좋다. 잘 먹은 사람들이 상대와 잘 대화하고 회복력도 높다.

말이 풍부하게 이루어져야 진단이나 조치도 잘 이루어지는 것이니, 말을 열심히 잘 하기 위해서라도 밥은 필수다. 그러므로 환자들 가운데 잘 먹고 회복한 사람들의 말인 감사의 편지는 밥으로 묻는 병원의 안부 인사의 답장이라 할 만하다.

좋은병원들이 해마다 선정하는 고객들의 '편지'는 여러 모로 함께 나눠 읽어도 배가 부르다. 외국에서 온 편지에서부터 웹툰으로 그려 보내온 편지에 이르기까지 다양한 편지들은 감동으로 든든해진다. 수없이 많은 편지들 가운데 일부만 가려서 뽑는 게 아쉬울 정도이다. 여기에서 모두 맛 보면 좋겠지만, 네 가지 정도만 소개하기로 한다. 회복이 이루어지고서도 나누는 편지=말=밥이 병원을 넘어 사회를 살찌우고 건강하게 하리라는 생각을 가슴에 담는 기회가 될 수 있을 것이다.

영국에서 온 편지

안녕하십니까?

코로나19 병동 운영하시느라 수고가 많으십니다.

저는 최근에 그곳에 잠시 입원하셨던 하00 할머니(영도 파랑새 요양원 소속)의 딸입니다. 현재 영국에 거주하고 있습니다. 저의 대리인 친구를 통해 전 과정 보고를 잘 듣고 감사의 말씀을 몇 마디 전하고자 글을 드립니다.

먼저, 엄마의 상황을 신속하게 자주 연락해 주셔서 정말 좋았습니다. 이런 경우에 상황 돌아가는 것을 잘 모르면 가족들은 정말 답답하고 불안한데, 여러 간호사 선생님들이 그때 그때 알려주시고 저의 대리인 친구와 상세한 내용을 의논해 주셔서 우리가 엄마를 챙기는데 도움을 주셨습니다. 제 친구는 10년 넘게 저 대신 엄마를 돌보면서 여러 종류의 관공서 및 병의원 경험을 많이 하였는데 이번 좋은삼선병원만큼 친절한 곳을 보지 못했다고 합니다.

친구는 대리로 일을 하다 보니 혹시나 미비한 점이 있을까봐 오히려 직계 가족인 저보다도 더 꼬치꼬치 질문을 하고 확인을 하는 경향이 있습니다. 그런데 좋은삼선병원 직원들은 너무나 참을성 있게 설명도 잘해 주시고, 의논해 보고 연락해 주겠노라 하시면 꼭 연락을 주셨다고 합니다.(사실 해 준다 해 놓고 전화 안 해 주는 것이 유명한 삼대 거짓말 중 하나라고 하지요?)

그리고 또 물론 규정 안에서이긴 하겠지만 우리의 의견도 경청해 주시고 융통성 있게 결과에 반영해 주셔서 고마웠습니다. 그런데 우리 엄마에게 신발짝으로 맞으신 간호사 선생님께는 너무 죄송합니다.

엄마는 평소에 혼자 있는 걸 싫어하시고 매우 사교적인 양반인데 갑자기 낯선 병실에 홀로 있게 되니 영문을 모르고 아마도 몹시 정서가 불안정했을 것입니다. 갈빗대 골절에도 불구하고 혼자 누워 있는 게 싫어서 요양원에서도 매일 학습, 오락 프로그램에 빠지지 않고 참여하시는 걸 아무도 못 말린다고 합니다.

그런데 자기로서는 잘못한 것도 없이 갑자기 중범죄자(?) 취급을 받으며 독방에 갇히게 되니 아마도 많이 놀라고 억울하기도 하셨을 겁니다. 원래 치매도 그리 심하지 않았었는데 코로나19 사태로 2년간 외출도 못하고 가족도 자연스레 만나질 못하면서 두뇌 자극이 작아지니 급격히 인지력, 기억력이 떨어지게 되었답니다.

엄마에게 주사나 투약을 해 주려고 두 시간 동안이나 끈기 있게 설득하고 달래며 노력해 주셨다 하여 감동하였습니다. 그리고 화투를 직접 같이 쳐 드리겠다고 제의해 주신 것도 고마운 일입니다. 그런데 엄마는 한 번 삥 틀어지면 그게 일단 풀어져야 오락이든 사교든 재개 되는데 그럴 시간이 없어서 그 귀중한 기회를 사용하질 못 한게 아쉽군요. 요양원에선 같이 칠 수준의 할머니 친구가 없어서 늘 그 점을 섭섭해 하셨거든요.

엄마를 신체 구속해야 할 지경에까지 이르지 않은 것은 정말 다행한 일이었습니다. 침대에 묶어 놓았으면 아마도 온 힘을 다해 발악을 하여 갈빗대가 더 부러지고 아직 남아있는 간당간당한 인지력마저도 다 놓쳐버렸을 것입니다. 어쩌면 증세도 없는 코로나19 치료하려다가 돌아가실 수도 있었을 것입니다.

엄마가 간호사 선생님들을 때린다 하기에 아직도 힘이 좀 남아 돌아 가는가 싶어 곧 돌아가시지는 않겠구나 하여 안심도 되고 쓴웃음이 나오기로 했습니다. 다행히 PCR검사 음성 판정이 빨리 나와서 신속히 퇴원시켜 주셔서 감사했습니다. 갑자기 고령의 치매노인이 하나 입원하여 여러분들을 쩔쩔매게 만들어 드려 저희가 송구스럽습니다. 친구가 여러분들과 통화를 했었으나 한 분의 성함만 확인할 수 있었는데 남가린 간호사 선생님입니다.

제가 멀리 살다보니 엄마에게 일어나는 소식에 노심초사 할 때가 많은데 그래도 엄마가 좋은 보살핌을 받고 있는걸 알게 되면 감사하는 마음을 이렇게 편지글로라도 전하고 싶어집니다. 그리고 앞으로도 환자 및 가족들에게 친절하신 그 병원의 전통을 깊게 이어가시길 부탁드리며 이만 글을 줄입니다. 안녕히 계십시오.

하00 할머니의 딸 김00, 대리인 친구 조00 드림

여성 삼대가 보내는 편지

안녕하세요~!

감사한 마음을 꼭! 전하고자 이렇게 글을 적습니다.

좋은문화병원은 저에게 엄청 의미 있는 곳입니다. 87년 1월 문화숙 원장님 손에 제가 받아졌답니다. 그 아이가 결혼하고 임신하게 되고 22년 9월 남경일 과장님 손에 소중한 제 딸이 받아졌습니다. 너무 감동적이지 않나요?

3대 모녀가 같은 병원에서 진료받고 태어나고 출산을 하게 된 것이지요.

처음부터 의미 있는 경험을 꼭 하고자 다른 병원은 알아보지도 않고 좋은문화병원만 고집했답니다. 그런 저에게 더욱더 확신을 가지고 출산을 할 수 있게 해주신 남경일 과장님께 감사하다는 말 꼭 전하고 싶습니다.

임신하고 여러 가지 이벤트들이 있었는데 그때마다 저를 버티게 해주신 건 남경일 과장님이세요. 아기 걱정에 눈물 나는 저에게 휴지 먼저 건네주시며 괜찮다고 걱정하지 말라며, 시원시원하고 힘 있게 말씀해 주셔서 산모 입장에서 마음 약해지지 않도록, 용기 낼 수 있게 해주시고 소파에 앉아 울고 있는 저에게 소리가 들리셨던 건지 진료실 안으로 다시 부르셔서 등 토닥여 주시며 너무 걱정하지 말라며 위로해 주시던 남경일 과장님은 평생 잊을 수 없는 저의 임신 생활에 큰 힘이 되는 분이셨습니다.

출산 전 너무 무섭고 걱정된다고 말씀드렸더니 "내 못 믿나!" 라며 긴장도 풀어주시고 본인 믿고 무서워하지 말라며 안심 시켜주시고 수술방에서도 무섭지 않도록 편안한 분위기에서 수술해 주셔서 두려움과 걱정이 많았던 저에게 출산은 너무 기쁜 일이라는 걸 느끼게 해주셨습니다.

출산 후까지 선생님의 매력과 책임감을 보여주셨어요. 당직이 아니신데도 병실로 오셔서 담당 환자분 한 분 한 분 상태 봐주시고 감동의 나날이었습니다. 둘째가 생기면 무조건 남경일 과장님에게 가겠다 다짐까지 했답니다.

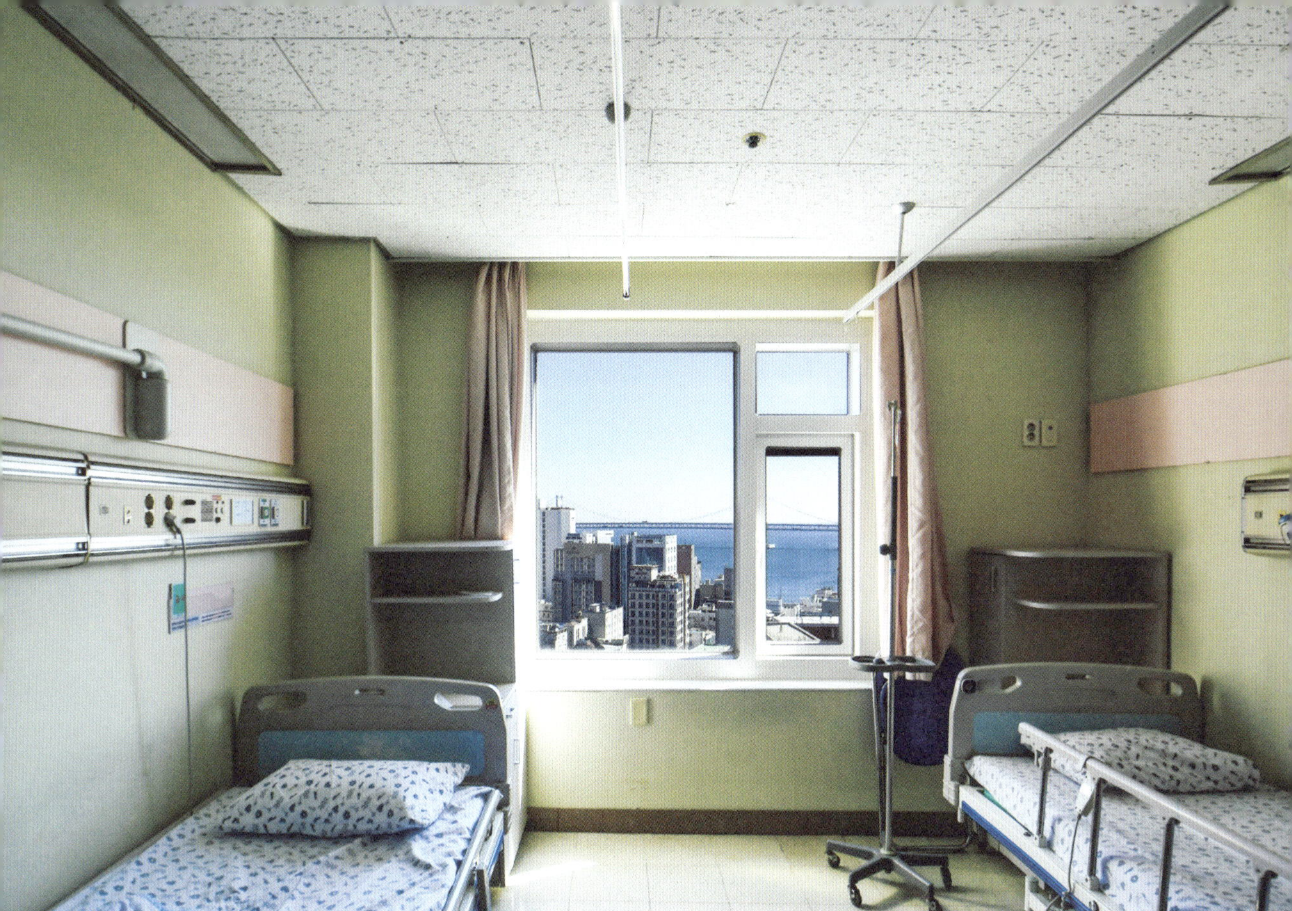

환자에게 정보는 분명히 전달해 주시되 위로해 주시고 유머와 센스도 있으시고 그 속에 따뜻함까지 있으신 우리 츤데레 남경일 과장님, 저희 모녀에게 아름다운 출산이란 선물을 주셔서 너무 감사합니다.

가능하다면 문화숙 병원장님, 남경일 과장님 그리고 저희 어머니, 저, 그리고 우리 딸까지 기념으로 사진한방 남기고 싶네요. 평생 의미 있고 기억에 남을 것 같아요.

너무 좋으신 분이라 감사의 편지가 많으시겠지만 꼭 이 편지가 전해져서 감사한 저의 마음이 전달되면 좋겠어요. 마지막으로 남경일 과장님 그리고 수술실 스텝분, 분만실 간호사분 8병동 간호사와 여사님, 신생아실 출산에 도움 주신 좋은문화병원 모든분들께 진심으로 감사합니다.

김OO님 드림

불안을 다독인 편지

안녕하세요. 저는 907호 김OO환자 보호자(딸)입니다.

두 달이 넘게 좋은강안병원에서 수술하고 장기 입원하고 계신 저희 아버지를 간병하기 위해 늘 같이 상주하고 있습니다.

우연히 사회사업팀 강현서님과 원내 복지혜택에 대한 상담을 진행하던 중, 부산이 고향도 아니신 저희 아버지를 위해 정말 너무나도 세심하고 친절하게 거주지역 관공서까지 직접 교류하시면서 조금이라도 병원비 지원 혜택을 주시고자 노력해 주시는 그 모습에 정말 너무나 감동하여 이 글을 안 쓸 수가 없습니다.

정말 혼신의 노력으로 저희가 몰랐던 지자체 혜택 지원까지 직접 알아봐 주신 덕분에, 생각지도 못했던 병원비 긴급지원혜택도 받을 수가 있어서 부모님의 재정적인 부담도 많이 덜게 되어 이루 말할 수 없이 감사하고 또 감사합니다.

기나긴 병원생활과 금전적인 부담으로 심적으로도 고민이 있었는데 강현서님 덕분에, 어제 정말 두다리 뻗고 간만에 기분 좋게 단잠을 잤습니다.

수많은 환자와 그 가족분들에게도 이런 혜택을 주셨겠지만 그분들 모두를 대표하여 감히 제가 강현서님께 소중하고 감사한 이 마음을 표현하고 싶습니다.

강현서님, 귀하가 있어서 좋은강안병원이 더욱 발전하고 이 병원을 내원하는 환자들과 그 가족분들에겐 정말 희망의 불씨같은 존재임을 꼭 말씀드리고 싶습니다.

오늘 하루도 또 힘내서 열심히 아버지와 병원생활을 씩씩하게 잘 해낼 것 같아요~^^

강현서님의 앞날을 늘 응원하겠습니다. 진심으로 감사드립니다.

907호 김OO 환자 보호자(딸) 드림

프라하에서 온 편지

예기치 못한 병으로 고생하던 저에게 훌륭한 치료와 보살핌을 제공해 주신 점에 대해 진심 어린 감사의 인사를 드리고 싶습니다. 저는 부산을 방문했다가 췌장에 심한 염증이 생겨 정말 고통스러웠고, 활동에 제한이 있었습니다. 응급의료서비스(119)의 추천으로 귀 병원이 소화기 질환에 잘 대처할 수 있는 곳이라는 소문을 듣고 내원하게 되었습니다. 그리고 그 소문이 사실이라는 것을 알게 되었습니다.

저는 귀 병원 직원들의 전적인 관심 속에 많은 검사와 치료를 받았으며 10일 만에 귀국하여 집으로 돌아갈 수 있었습니다. 의료진들은 제가 입원할 당시 저의 좋지 않은 상황으로 인해 몇 가지 수술을 할 준비가 되어 있었지만, 의료진의 정확한 의학적 판단 덕분에 저의 예기치 않은 병원 입원 기간을 단축할 수 있었습니다.

제가 매우 높이 평가하는 것은, 제가 여호와의 증인으로서 무수혈 치료를 요구하였을 때, 의료진들이 그러한 치료를 제공할 준비가 되어 있었고, 저의 입장을 매우 잘 이해해 주었다는 사실입니다. 저의 주치의부터 시작해서 통역 서비스, 간호사 및 기본적인 서비스에 이르기까지, 그리고 높은 수준의 청결을 유지해 준 직원들에 대해서 말로 다 표현할 수 없을 정도로 고마움을 느낍니다. 그들은 높은 전문적 수준에서 일하였을 뿐만 아니라 이 힘든 기간 동안 저에게 인간적인 관심과 공감, 배려를 보여주었습니다. 저는 그들의 업무와 인간적인 자질을 높이 평가합니다. 나는 내가 좋은강안병원 의료진에게 얼마나 많은 빚을 지고 있는지 점점 실감하고 있습니다.

당신은 확실히 내 생명을 구했습니다. 정말 감사합니다. 저는 심각한 병으로 고생한 경험에도 불구하고 다시 부산에 오고 싶습니다. 만약 의학적 도움이 필요한 경우가 생기더라도, 그곳에 최고의 도움을 받을 수 있는 병원이 있다는 것을 알게 되었기에, 부산의 아름다움을 다시 한번 경험하고 싶습니다.

프라하에서 Malgorzata Memec 드림

병원의 철학은
단순한 원칙이 아니다.
이는 환자를 향한 따뜻한 태도와
올바른 신념에서 시작된다.
의료진의 작은 행동과
병원의 운영 방식 모두
철학의 연장선에 있다.
좋은 병원은 기술이 아니라
사람을 우선시하는 공간이다.
환자와 사회를 잇는
다리가 되는 것이
병원의 진정한 가치이다.

마음을
다지다

철학과 신념으로
세운 병원

병원의 철학은 '환자'가 중심에 놓여 있다. 이를 전제로 하지 않는 철학은 공허하다. 환자 중심적인 병원에선 자연히 일하는 사람들 역시 눈여겨 볼 수밖에 없다. 일하는 사람들이 자신의 직분에 충실하기 위해선 이들의 근무조건이 항상 행복해야 하기 때문이다. 달리 말해, 직원들이 행복해야 환자들에 대한 케어가 원활하게 잘 이루어진다는 의미이기도 하다. 말은 쉽지만 이를 '가치 기준'으로 삼고 병원의 기조를 유지하고 지속하는 것은 결코 쉬운 일이 아니다. 병원의 철학이 말로만 끝날 때, 환자들이 찾지 않을 것임은 분명하고 일하는 사람들도 버티지 못할 것이기 때문이다. 그러므로 병원의 철학을 세우는 일은 '각오'를 매일매일 다지는 일이기도 하다. 병원의 일이 '환자'의 아픔이나 고통을 완화하고 해소하는 일에 뿌리가 닿아 있는 것이라면, 병원의 철학도 이 뿌리로부터 조직되고 구성될 수밖에 없다.

거인의 내력
구정회 회장의 삶의 두께와 생각

진짜 거인이 있다면 어디에서든 보일 것이다. 가까이에서도 물론이겠지만, 멀리에서도 언뜻언뜻 모습을 드러낼 것이다. 심지어 아주 멀리 떨어져 도무지 보이지 않을 정도가 되어도, 거인은 어느 순간 제 풍모를 드러내기 마련이다. 통상적으로 어떤 사람을 '거인'이라고 지칭할 때, 다만 '크기'만을 지칭하는 게 아니라면, 그 사람이 끼친 '영향'이 결코 지워질 수 없는 흔적들을 남긴다는 것을 의미할 것이다. 벗어난다고 해도 그것을 완전히 벗어나기는 어렵고, 거인의 발자취 자체가 역사이자 지속의 조건으로 자리잡았다는 것을 뜻한다. 요컨대, 어떤 영역의 틀이나 뼈대를 구축하고 근육이 붙도록 만든 인물을 '거인'이라고 부른다. 혹은 '거목'이라거나 '거장'이라거나 하는 말도 유사하게 쓰인다. 그런 점에서 '거인'은 자신의 모습을 감출 수 없는 인물을 지칭하는 데 적합할 터이다.

좋은병원들과 은성의료재단을 설립한 구정회 회장을 바로 '거인'이라고 할 수 있다. 좋은병원들의 철학에서부터 로고에 이르기까지 구정회 회장의 '손길'이 미쳐 있다. 심지어 직원들의 삶의 자세와 태도에도 알게 모르게 구정회 회장의 철학이 스며 있는 경우도 만나게 된다. 그만큼 그는 좋은병원들을 이루는 모든 구성 요소에 깊이 관심을 갖고, 이를 체계화해 온 사람이다. 관심이 곧 애정이 되는 것은 아니지만, 그는 할 수 있는 한 그와 관계 맺는 모든 사안을 건사하고 보살피는 데 열정을 쏟았으며, 자신의 병원의 경영과 운영에만 관심을 가진 것이 아니라, 지역사회와 의료계에도 지속적으로 관심을 쏟아왔다. 이는 보통의 '애정' 없이는 이루어질 수 없는 일이다. 공존과 상생이라는 관계를 위해 좋은병원들의 밑천을 마련해 온 것이다.

본업인 의사와 병원 경영을 도맡아 온 시간만 해도 50여 년을 헤아릴 정도이니, 성실함과 꾸준함이라는 말로는 한정할 수 없는 지역과 사회에 대한 기여, 의료계에 끼친 기여는 한두 마디의 말로는 종결하기 어렵다. 그렇지만, 이 이력을 과하게 내세우지 않으며, 외려 듣는 사람이 민망할 정도로 겸양을 내세우며 말을 아낀다.

> 1966년에 부산대 의과대학을 들어갔으니까, 의료계 60년을 제가 종사한 셈이죠. 의과 대학생도 의사의 예비생이니까요. 그러니까 지난 60년, 부산의 의사들에서부터 병원과 의료의 흐름 등등 이런 역사에 대해 증인으로서 이야기할 수 있는 그런 경험을 가지고 있죠. 다만 이런 역사가 정리가 되어 있지 않은 아쉬움이 있습니다.

'증인'과 '증언'으로서 자신을 위치시키는 구정회 회장의 말은 중요하다. 이는 자신을 강하게 드러낼 때 생길 수 있는 갈등을 피하고, 대신 상대방을 배려하는 태도를 통해 소통적 관계를 구성하는 것으로 대화를 조성하기 때문이다. 물론 역사의 증

언자로 자신을 자리매김하는 것이 단순한 '배려'는 아니다. 증언자의 '자격'을 갖는다는 것이 중요한 대목이다. 역사를 초월하는 게 아니라, 역사 속에 스스로를 자리매김하는 태도는 자신의 역할과 성취가 '역사적'이라는 것을 의미하는 것이다. 이는 '과거'에 단순히 안주하는 태도가 아니라, 미래를 위한 '열림'을 시사한다. 구정회 회장의 화법은 의학의 현재와 미래에게 '자리'를 마련해주는 화법이라는 것이다.

물론 이런 화법은 자신의 일과 관계 맺는 사람들에 대한 철저한 애정을 바탕으로 한 것이다. 사랑 없이는 오랜 기간 병원이 유지되고 고객으로부터 신뢰를 형성할 수 없는 것은 물론이다. 체질이라고 할만한 이런 사람에 대한 성실성은 그의 생애사로부터 도움을 받아 살펴보아야 한다. 예컨대, 체질이 몸에 원래부터 주어진 것이 아니라 힘써 노력한 결과라고 할 때, 오랜 시간 몸에 쟁여 놓은 기질이 아니라면 사랑의 에너지도 고갈될 것이 불을 보듯 뻔할 터이다. 즉, 구정회 회장의 겸양을 넘어서 겸허한 화법의 품격은 생애사의 과정에서 구축한 몸이자 세계관이라는 뼈대로 자리잡았다고 할 수 있다. 짧더라도 그의 생애사의 한 자락을 살펴보는 것은 그래서 피할 수 없다. 그의 생애는 해방 이후 경남 함안의 한 시골마을로부터 시작된다.

제 본적이 함안군 군북면 동촌리입니다. 어릴 때 기억엔 기차역이 강하게 남아 있습니다. 군북 동촌이 개화기에 기차역이 만들어져 군북역이 들어섰다고 합니다. 물이나 석탄을 채우는 기지 역할을 일정하게 맡았던 것 같아요. 그렇지만 농업이 주요 산업이어서 할아버지 집 뒤에 큰 저수지가 넓게 자리 잡고 있던 기억도 강하게 남아 있습니다. 이후에 듣기로는 할아버지가 동네에서 제법 괜찮은 살림이었다고들 하는데, 어느 정도였는지는 가늠하기가 어렵네요. 동촌에서 아버지 직장 때문에 마산으로 이주를 하게 되는데, 그때 한국전쟁이 발발하게 됩니다. 마산 성호국민학교를 졸업하고 아버지께서 부산상고 교사로 전근을 가시는 바람에 중학교 때부터 부산으로 가게 되었어요. 국민학교 5학년 때 아버지가 먼저 가시고 국민학교 졸업을 한 다음에 저는 아버지 보다 늦게 부산으로 갔습니다. 전근하실 때는 경상남도 소속이셨는데, 전근 후에 부산이 '직할시'로 바뀌는 바람에 그대로 정착하게 된 것으로 알고 있습니다. 아버지가 집을 얻었던 곳이 현재의 좋은문화병원 맞은편이었고 그 집이 아직도 있습니다.

부산으로 이주했을 무렵 부산은 '제2도시'로 알려져 있었으나 전반적으로 어수선한 기운이 팽배해 있었어요. 내가 중학교 1학년 때 4·19가 일어납니다. 매일 데모하고, 하루 자고 나면 교장 선생님 물러가라는 구호가 들리기도 했죠. 고등학생들 데모하면 뒤에 따라다니면서, 분위기에 휩쓸려 아무것도 모르고 국기 흔들고 따라다니는 그런 시절이었죠. 어수선하다고 했지만, 여러모로 활력이 넘쳤다고 하는 게 옳겠습니다. 도시적 면모로만 봐도 한국전쟁으로 서울이 폐허였으니까요. 부산은 그래도 한국전쟁으로 파괴는 안 됐거든요. 판자촌이라든지 고아원이라든지 '후방'을 이루는 체계로 자리잡혀 있었다고 할까요. 질서는 없지만 활발했죠.

지나간 역사에 대해서 지나치게 칭송하거나 함부로 낮춰보지 않고, 현재와 비교해 바라보려는 태도를 보인다. 해방기에 태어난 기성세대가 대체로 자신이 경유한 역사의 내러티브를 숭고하게 말하는 경향이 있는 데 반해, 구정회 회장은 비교적 냉정하게 바라보는 입장을 취한다. "질서는 없지만 활발했다."는 평가가 대표적이라고 할 수 있다. 앎과 모름을 정직하게 드러내면서 사실을 밝히려는 태도도 그러하다. '자기'의 역사 내에 자기 이외의 존재들과의 관계가 없으면, 그것은 대화로서의 역사가 아니라 독백으로서의 역사에 지나지 않게 된다. 실제로 부산에 정착하게 된 이후 구정회 회장의 아버지는 당신의 집으로 공부하러 부산으로 오는 친척 아이들을 받아들인다.

도시로 나와 친척집으로 더부살이를 하러 오는 일이야 1980년대까지 일반적인 일이었으나, 구정회 회장의 아버지는 친척들이 부탁하는 대로 모두 집으로 오게 했던 것으로 보인다. 말이야 쉽지, 교사로 살아가는 상황에서 남의 집 식구를 '건사'하는 일은 결코 쉬운 일이 아니었을 것이다. 더불어 사는 일, 함께 먹고 자는 일이 갖는 중요성은 이 시기에 구정회 회장의 심성의 근육이 되었을지 모른다. 이런 청소년기의 경험은 이후에 병원을 개원하면서도 중요한 생활 원리가 되었던 것으로 보인다.

고향에서 친척들이 주로 공부를 많이 하러 왔어요. 고모 집 아이도 오고 이모 집 아이도 오고 외갓집에서도 오고 우리 집이 작은 학교였습니다. 아버지가 또 선생님이시라 그랬던 게 아니라 어머니가 따뜻하셨기 때문에 자식을 맡기기에 친척들의 생각에선 적합하다고 여겼을 거 같아요. 아버지가 거절을 못했던 탓도 있었고요. 그래서 공부를 하긴 해도, 제 방이 없었습니다. 맨날 이리저리 쫓겨다니는 일이 허다했죠.

또 저희 식구끼리 밥 먹어 본 적이 한 번도 없습니다. 맨날 남의 식구들 하고 밥 먹고, 친척 형님들 심부름 하는 게 일상이었죠. 오붓하게 사는 집이 그때 당시에는 엄청 부러웠어요. 다양한 친척들이 한집에서 같이 살면서 같이 공부도 하고 이야기도 하고 심부름도 하고 산 게 지금은 삶을 풍부하게 산 것처럼 여겨져 감사한 마음을 갖고 있어요. 제가 조금은 생각이 다양하고 탁월한 천성이 있는지 모르겠지만 개방적이랄까, 호기심이 많았던 게 남들하고 살았기 때문에 가능하지 않았나 싶어요.

부모님이 남의 식구라고 차별해서 대우한 적이 한 번도 없거든요. 똑같이 도시락도 싸서 보내고 똑같이 밥도 먹고 똑같이 같은 방에서 자고 이랬으니까. 그 친척들은 좋았죠. 그런 환경이 나쁘지 않았지만 저는 방이 하나 있으면 좋겠다고 생각했어요. 내 방이 하나 있으면 좋겠다, 내 책상이 있으면 좋겠다 뭐 이런 생각들을 하긴 했죠. 방학 때 다 떠나면, 그땐 거꾸로 제가 외갓집에서 살았죠. 함안에 있던 외갓집이 큰 부를 일구고 있어서 맛있는 반찬에 호강하면서, 방학 내내 붙어 있곤 했죠.

아버지의 이런 태도가 구정회 회장에게 끼친 영향은 지대한 것이었다. 교육자였던 아버지가 갖고 있던 교육의 가치를 그는 잊지 않고 있다. 그가 인문학 대신에 의대를 선택한 것도 아버지의 교육 이념이 타당하다고 여겼기 때문이었다. 교육이 단순히 지식과 정보를 주고받는 데 그치는 것이 아니라, 한 존재로서 사회적으로 기여할 수 있는 위치에 도달하는 것, 자율적으로 존재할 수 있는 역량을 갖는 것, 생명을 유지하고 지속할 수 있는 것이 바로 독립일 것이다. 그렇다고 독립이 타인과의 관계로부터 분리되는 것은 아니다. 오히려 그의 독립은 타인과 함께하면서도 자신의 자리를 지킬 수 있는 태도에 가까웠다.

아버지는 교육의 목표가 독립이라고 하셨어요. 교육은 독립이다. 홀로 서는 것이 교육이다, 해서 공부를 잘하든 못하든 전혀 간섭하지 않으셨어요. 그때는 통신표를 가져가면 도장을 찍어줬거든요. 공부를 잘해도 탁 찍어주고, 못해도 탁 찍어주고, 못했다고 물어보지도 않고 잘해도 물어보지 않고, 무조건 잘했어, 잘했어라고 말하셨어요. 대학 진학할 때, 아버지가 이과로 전향해서 의대를 지원하는 게 좋지 않겠냐고 하셨을 때 그게 독립을 위한 방편이라고 생각했어요. 그래서 아버지의 조언을 받아들였던 거 같아요.

구정회 회장은 사소하지만 큰 선택을 고등학교 다니면서 했다. 삶의 방향 자체를 결정짓는 순간이 왔고 그는 아버지의 조언을 따라 의대를 선택했다. 고등학생쯤 되면 집안의 사정을 고려하지 않을 수 없었고 여섯 형제가 대학을 다니는 형편에서 자신의 '욕망'을 그대로 따라가는 것만도 쉬운 일이 아니었다. 서울에서 대학 생활

을 하지 않은 것도 이런 여러 형편을 고려한 결과였다고 한다. 아쉬움이 있었지만, 예과에 다니면서 신문사에서 글을 쓰는 걸로 문학의 꿈을 어느 정도 이어갈 수 있는 기회가 되기도 했다. 아르바이트와 신문사 일로 바쁜 와중에, 부대신문사에서 주최하는 문학상에 투고해 소설로 수상을 하게 된다.

심사위원이 요산 김정한 선생님이었습니다. 제가 별로 실력도 없는데 소설상을 받았던 거지요. 한강 작가가 노벨문학상도 받기도 하는 등 문학이 갖는 의미가 여전히 큰데요. 그 당시에는 문학이 갖고 있는 힘이 굉장히 높았습니다. 부대문학상 시상식도 거창했어요. 강당에서 진행했는데, 수상소감 발표도 하고 그랬지요. 지나고 보면 그때가 내 인생에 최고로 영광스러운 시간이었던 거 같기도 합니다. 아르바이트, 신문사, 학과 공부 등을 병행하면서 받은 거라 기쁨이 컸던 거 같아요.
그 당시에는 슈바이처나 장기려 박사가 되겠다는 생각보다는 '독립'이 관건이었고, 시골 의사로 살면서 소설을 쓰면서 살아야겠다는 천진난만한 꿈이 자리잡고 있었던 시절이에요. 문학이 좋아서 신춘문예에도 내고 떨어지긴 했지만, 계속 써보려고 했어요. 근데 의사라는 직업이 환자가 오면 만사를 제쳐야만 하는 거예요. 당직을 서게 되면 밤에도 환자가 오기도 하니까요. 그러면서

좋은강안병원
GOOD GANG-AN HOSPITAL

자연스럽게 글을 더 이상 안 쓰게 되었던 거 같아요.

지금 와서 보면, 그때 아버지의 조언을 받아들인 것이 정말 잘한 선택이었다고 느낍니다. 내 마음대로 되지 않았던 게 오히려 참 잘 됐다는 판단을 했어요. 실은 내 맘대로 안 됐는데, 내 맘대로 안 된 게 참 잘 됐었던 게 하나 더 있습니다. 의과 대학 다니면 실습을 나가거든요. 저는 정신과가 재미있더라고요. 인간에 대한 호기심이 있었던 거겠죠. 레지던트하고 정신과 교수님이 정신과 소질이 있다고 하라는 이야기도 들었고요. 내가 또 어린 나이에 기분이 좋아서 전공과의 선택을 아버지와 의논을 했죠. 아버지께서는 정신과가 아니라 수술을 집도하는 외과 쪽이 좋겠다는 의견을 제시하셨는데, 그게 당대 사회와 딱 맞았던 거 같아요.

산업화가 가속화되면서, 정형외과에 대한 요구가 급증하기 시작했거든요. 사람 운명이랄까, 진로랄까 이런 게 꼭 자신의 의지대로 되는 건 아니고 여러 팩트들이 합쳐져 정해지고 정해지는 대로 또 제 갈 길이 정해지는 것 같아요. 의과대 안 가려는데 의과대학 갔고 의사를 하기 싫은데 의사가 됐고 정형외과 하기 싫은데 정형외과 했고 정형외과 하다 보니까 또 오늘 인터뷰를 하게 됐고 이러니까 이게 내가 가는 길이 내 의지대로 가는 길은 아니더라고요.

구정회 회장은 최고의 선택은 없다고 말한다. 다만 최선의 선택만이 있을 뿐이며, 주어진 선택지 중에서 최선을 골라 그것을 '최고'로 만들어가는 성실함이 중요하다고 강조한다. 그는 아내이자 좋은문화병원의 '문화숙 원장'이 자신을 남편감으로 판단했을 때, 최고는 아니었지만, 최선의 선택이었을 것이라고 이해했다. 그 자신도 마찬가지라는 말을 덧붙이면서 말이다. 서울에서 레지던트 생활을 하며 아이들을 돌보고, 숨 쉴 틈 없이 일하면서 그 과정을 마치게 된다. 여러 대학에서 교수 제의가 오기도 했지만, 그는 대학병원이 아니라 개원의로 발을 내딛게 된다. 그 이유를 다음처럼 말한다.

생활 방식이 다릅니다. 대학교수는 진료, 교육, 연구 이 세 가지를 모두 해야 하거든요. 그게 대학교수의 직능인데 대학병원은 교육과 연구를 위한 수단으로 진료가 존재하는 것이지, 진료가 우선 순위는 아닙니다. 대학병원은 학생들을 가르치기 위해서 병원이 필요하고 연구를 하기 위한 테스트베드로 병원이 필요한 거지, 진료는 3순위란 말이에요. 교육-연구-진료가 순번이 그렇거든요. 그러니까 대학병원이잖아요.

그런데 지금 대학병원이 연구와 교육은 다 도망가고 진료에 집중하다 보니까 레지던트나 학생들이 원초적으로 교수한테 불만이 많을 수밖에 없어요. 부정적인 느낌이 계속 누적돼 쌓여온 거죠. 교수 말을 안 듣는 학생이나 레지던트가 불만을 폭발시키기도 하고 세대의 변화도 있고 이러니까 뭐, 최근의 의정 갈등이 터져나 온 요인 중의 하나가 아닌가 조심스럽게 생각해 봅니다.

물론 개원의를 하면서도 진료와 치료에만 제가 목맨 것은 아니었어요. 저도 교육에 관심이 굉장히 많았습니다. 저는 병원이 교육사업이라고도 생각해요. 직원들한테 필요 없는 잔소리도 하고 교육프로그램도 많이 해요. 그래서 직원들이 저를 교장 선생님이라 하기도 하고요. 여러 의미에서 그렇게 부른다는 걸 모르는 바는 아니지만, 교육이 아니면 성장하는 건 어렵다고 여겨져요. 그래서 병원이 뭐냐고 물으면 나는 교육업이다 이렇게 답한답니다.

요컨대 구정회 회장에겐 병원은 기존의 지식을 반복적으로 실행하는 장소가 아니었다. 그럴 경우 금방 한계에 부딪치고 만다. 그는 '선택'을 '최고'로 만들기 위해 자기 수련을 멈추지 않았겠지만, 병원이 서로 다른 사람들이 더불어 사는 공간이라는 점에서 교육이 부재하면 갈등과 상처만 남긴다는 점을 날카롭게 이해한 것으로 보인다. 교육이 없다면 상호적인 성장은 물론이거니와 파국적인 결과를 낳을 가능성도 있다. '교육'을 통해 신체의 에너지와 영혼의 방향과 수로를 달리 트는 일이 병원 공동체가 유지되고 지속되는 원천이라고 할 수 있다. 그가 교육에 애정을 깊게 가지는 또 다른 요인으로는 개원의 당시에 병원 운영과도 밀접한 관련이 있을 수 있다.

그때 병원을 개원하면, 근로조건이 기본적으로 침식 제공에 월급 5만~6만 원, 그리고 24시간 일하는 구조였어요. 병원에서 우리 직원들하고 다 같이 생활하는 일종의 집단적 생활을 했거든요. 침식의 장소만 달랐을 뿐, 우리 아들딸은 간호사도 업고 다니고 직원도 업고 다니고, 나도 업고 다녔어요. 그러니까 한 식구같이 지냈죠. 그때는 그런 시절이었습니다. 나만 그런 게 아니고 지금 부산에 있는 제조업을 하는 사장님들 사모님은 그때 다 직원들 밥해준 사람이에요. 김장 담고 직원들 밥해 먹이고 막 시락국 끓이고 그랬던 분들이 지금 회장님들 사모님들이시죠. 나도 그런 제너레이션이니까 만약 우리 집사람이 의사가 아니었더라면 직원들 밥해 줬겠죠.

그때는 직장과 가정이 섞여 있었다고 할까요. 농경 시절 같이 그런 풍경을 저희들이 산업화 초기에 갖고 있었는데, 그게 이제 분화가 되면서 지금 같은 직장 분위기를 만들었는데 그때는 그냥 직장이 가정이고 가정이 직장이고 그랬어요. 같이 섞여 살고, 간호사도 급하면 밥하라 하고, 구분이 별로 없었습니다. 어쩌면 가족 공동체처럼 꾸려졌는지도 모르겠습니다. 지금도 직장을 우리 가족 이렇게 표현하잖아요. 직장의 장이 아버지 같은 역할을 하고 결혼식도 시켜주고 그랬습니다. 그래서인지 몰라도, 일심회라고 모임이 하나 있습니다. 1년에 한 번씩 만나 그때 이야기하고 그런 모임이죠. 31살에 개원을 했으니까 나보다 나이 많은 간호조무사도 있고 그랬죠. 저하고 같이 늙어가고요.

개원 이후 사람들에게 입소문이 나기 시작하면서, 병원에는 고객들의 발길이 끊이지 않게 된다. 구정회 회장은 병원을 '경영'해야 할 일 앞에 마주하게 된다. 의사와 경영자의 차이를 구정회 회장은 스페셜리스트와 제너럴리스트로 구분해 설명한다. 그가 보기에는, 경영자는 종합적 사고와 종합적 판단이 이루어져야 하는 자리라고 여긴다. 또 경영자의 책임이 무한하다고까지 말한다.

그는 잘해도, 못해도 '말'을 쉴 새 없이 의견을 들어야 하는, '경영자'의 고충은 피할 수 없다고 한다. 환자만 책임질 수 없는 그런 경영자의 자리는, 명확한 것이 없어도, 정확한 진단이 나오지 않더라도 나아가야 하는 힘겨운 자리라는 것이다. 그럼에도 구정회 회장은 의사와 동시에 경영자로 삼십 년간 일하다가, 예순에서야 의사를 손에서 완전히 놓게 된다. 삼십 년간의 과정에서 그는 '교육'을 '문화'와 연결시키는 '경영'의 방식을 병원 내부에 안착시킨다.

우리 병원에 있는 직원들에 대해 외부 사람들이 와서 이야기할 때, 아주 적극적이고 긍정적이고 액티브하다, 그렇게 이야기를 해요. 나는 안 그래 보이는데 말이에요. 경영자로선 걱정스럽든지, 스트레스 홀드가 높다든지, 제가 직원들에게 요구하는 게 좀 높다든지 해서 그렇지 않겠나 싶어요. 또 아주 기본적인 일에 대해서는 저는 끈질기게 요청을 하거든요. 예를 들어서 친절, 청결, 절약이 대표적입니다. 유치원에서 하는 교훈 같지만 우리 인생에 그 세 가지만큼 소중한 게 없어요. 그래서 수천 번 수백 번 해요. 그러니까 조금 친절하고 조금 청결하고 조금 절약하고 그런 것 같아요.

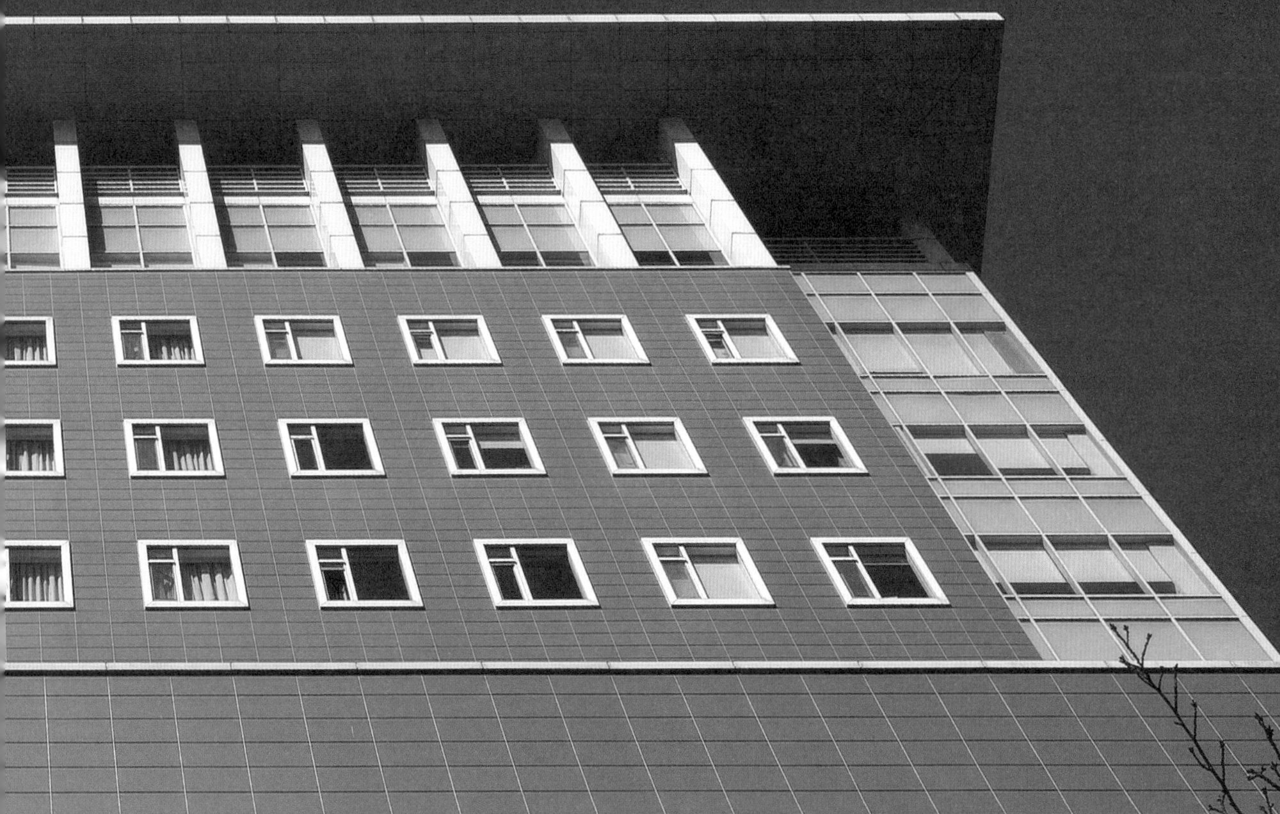

처음 일본을 갔을 때, 책을 통해 알던 일본과는 달리, 직접 가서 보니 우리가 일본을 따라잡을 수 있는 분야가 몇 가지 있더라고요. 자연과학이나 여러 예술 분야는 시간이 오래 걸려서 당장은 어렵겠지만 친절하고 청결하고 절약만 해도 일본은 반쯤 따라잡겠다, 그런 생각을 했어요. 자연과학 같은 분야는 노벨상 받으려면 긴 투자를 해야 되지 않습니까? 일본이 갖고 있는 예술, 학문의 성취와 같은 거는 굉장히 많은 투자가 필요하지만, 친절은 그냥 할 수 있는 거거든.

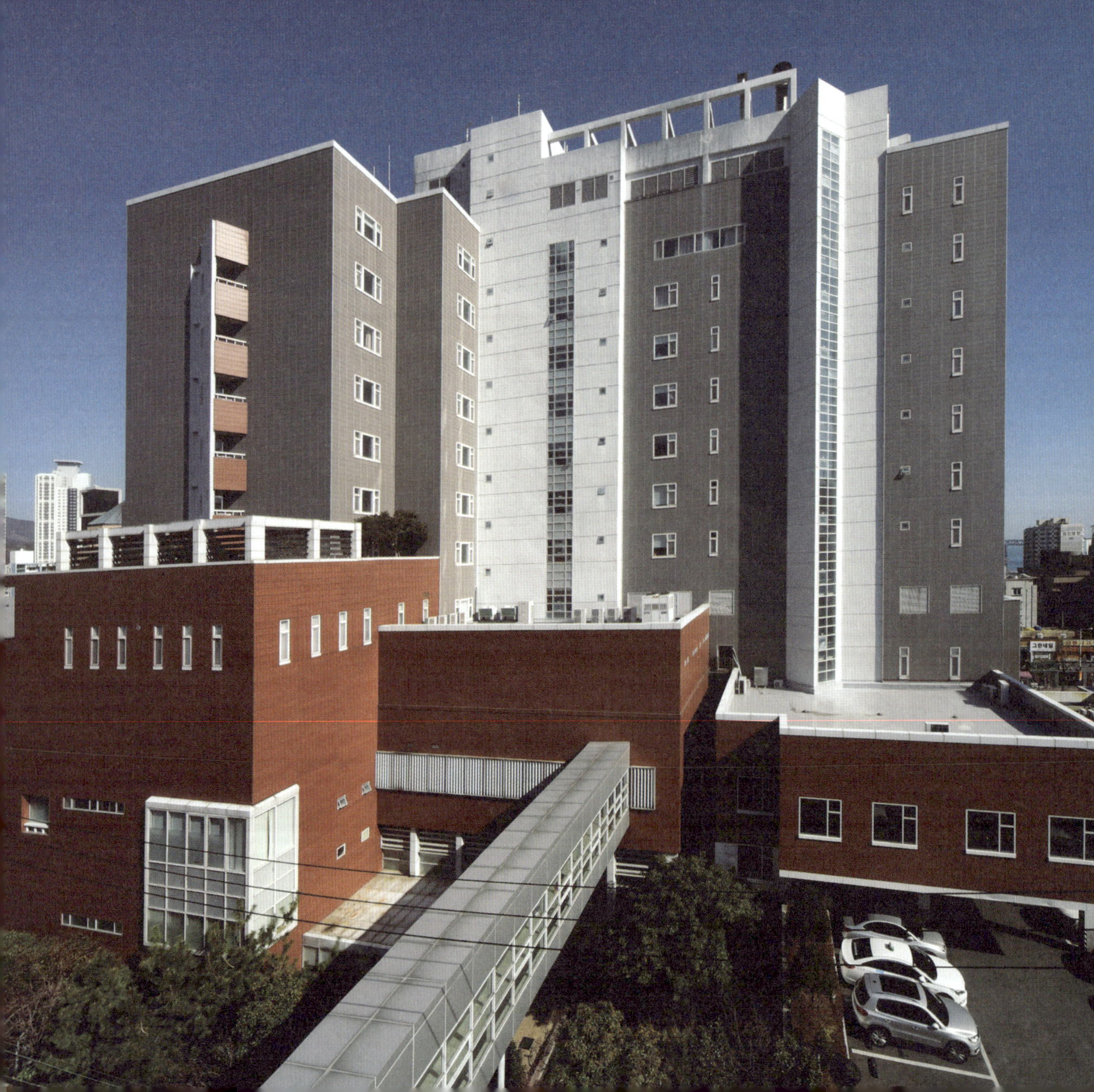

그때 배워야 할 핵심이 바로 그 부분이라고 생각해서, 문화병원 전 직원을 일본에 보냈어요. 한번 가서 보고 오라고. 그런데 갔다 오고 이틀 지나니 다시 예전처럼 돌아가더라고요. 내가 우리 직원에게 일본 안 갔다 왔냐고 묻고, 근데 전화를 왜 그렇게 받느냐는 말을 한 적도 있지요. 친절은 단지 '말'로만 이룰 수 있는 건 아니거든요. 그런 부분들을 안착시키려고 꽤나 고심하면서 경영을 했던 거 같습니다.

구정회 회장은 다섯 개의 종합병원과 일곱 개의 요양병원의 의료재단을 정초한 장본인이다. 각 병원에 '좋은'이라는 이름을 붙인 것도 그였다. 이 이름은 '현재'이자 '미래'를 포괄한다. 가끔 고객들이 부정적으로 사용하긴 해도, 그는 이 이름이 최선의 선택이었다고 여긴다. 이 이름을 '최고'로 가꾸어 가는 건 이제 후속세대의 역할이라고도 이해한다. '좋은'이라는 이름이 '과거'가 되지 않도록 빛나게 하기 위해선 '문화'가 핵심이라고 진단한다. 하늘 아래 어떤 것도 그냥 생기는 건 없다. 갈고 닦지 않고서는 박물화될 뿐이다. 변화에 대한 적응은 필수적이다. 그가 생각하는 '좋은'이 시대와 어떻게 매듭이 이뤄질지는 지켜보아야겠지만, 그의 자신감과 숙제는 두고 곱씹을 만 하다.

좋은 병원이라는 게 어떤 병원이냐, 좋은 병원이라는 건, 환자들이 "그 병원은 진단을 잘한다, 수술을 잘한다, 치료를 잘한다"는 본질적인 칭찬을 해줘야 합니다. 그러면서도 참 친절하고 병원이 깨끗하고 그렇더라. 그것이 평판이고 그 다음에 그 평판을 지키기 위해서는 병원이 경영적으로 단단한 재무 구조를 갖추고, 직원들 사이에 남다른 사명감도 충만해야겠지요. 이제 그런 것들을 계속 지속적으로 지키고 키울 수 있는 그런 조직문화와 동기부여의 요소들을 경영자가 잘 가늠하고, 적재적소에 배치할 수 있는 병원이어야겠지요.
그런데 지금까지 구축해 놓은, 47년 동안 만들어 놓은 '문화'라는 남다른 재산이 있으니까 앞으로 병원과 재단을 이끌어갈 사람이 잘 할 수 있을 거라고 확신도 됩니다. 저는 개인적으로 병원에서 하고 싶었던, 하고 싶었는데 못한 일 중에 하나가 병원이 치료나 뭐 진단이나 병원이 가고 있는 고유 목적 사업 외에 병원이 우리 사회와 어떻게 소통하고 연결될 수 있을지, 그런 접점이나 다리 역할에 관심을 갖고 있습니다. 문화 아카데미라든지, 갤러리라든지, 음악회라든지 뭐 이런 것들을 병원과 어떻게 접목을 시켜서 병원이 환자를 치료하는 거를 넘어서, 병원이 꼭 아픈 사람만 가는 곳이 아니라, 어쩌다 주사 맞으러 갔는데 그림 한 점을 보고, 수술하러 갔는데 음악을 들을 수 있는 그런 공간이 될 수 없을까 싶어요. 그런 점에 관심이 많습니다.

그리고 우리 병원이 새로운 영역의 숙제들이 있거든요. 장수의학이라든지 예방의학이라든지 건강 관리라든지 이런 새로운 필드들이 우리한테 막 달려오고 있어요. 그런 것들을 우리가 어떻게 받아들여 병원에 구현할 것이냐는 것도 쉽지 않은 문제입니다. 그리고 과학의 발전이 또 너무 빠르기도 하고요. AI라든지 로봇이라든지 이런 새로운 환경들이 병원으로 화살처럼 날아오는데 지금 우리 병원도 모두 못 받아내고 있지만 우리나라도 못 받아내고 있어요. 우리나라가 정말 걱정스러운 거는, 가진 거는 사람밖에 없는데 좀 덜 생산적이랄까요. 첨단을 지향해야 하는데, 인구는 줄고 있지요. 우리는 애기들을 적게 낳으니까 아기들이 다 천재가 돼야 되는 거예요. 나는 그런 게 걱정되더라고요. 어쩌면, 우리 애들은 전부 다 과학자 아니면 예술가가 돼야 될 것 같아요.

좋은강안병원

살펴보다

의료진의 손끝에서 이어지는 삶

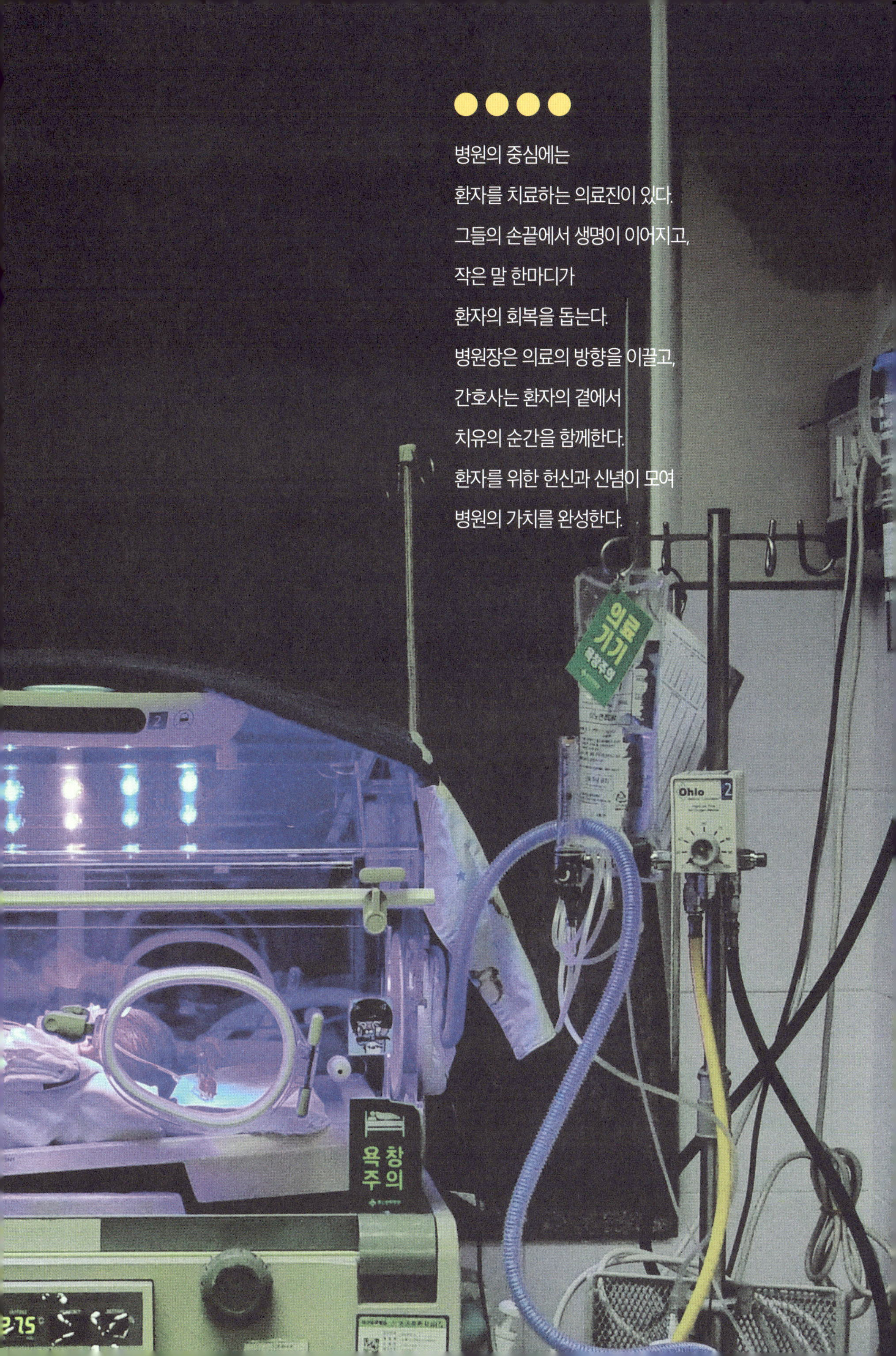
병원의 중심에는
환자를 치료하는 의료진이 있다.
그들의 손끝에서 생명이 이어지고,
작은 말 한마디가
환자의 회복을 돕는다.
병원장은 의료의 방향을 이끌고,
간호사는 환자의 곁에서
치유의 순간을 함께한다.
환자를 위한 헌신과 신념이 모여
병원의 가치를 완성한다.

종합병원의 꽃,
필수의료로 지역사회를 지킨다

좋은삼선병원 병원장 **박성우**

필수 의료부터 세분화된 진료까지

좋은삼선병원은 응급부터 일상까지 아우르는 '케어'를 실천하는 병원이며, 필수 의료라는 종합병원의 꽃이라고 생각합니다. 지역적으로 노령인구가 많아서, 지역에 알맞는 진료와 특성을 고려해 우리 병원이 몸을 만들어 두었습니다. 또 지역 주민 교육에도 관심을 갖고 실제로 실행하고 있습니다. 정형외과나 골절, 어깨관절, 무릎 등 일상생활이 어려운 지역 주민들을 위해서 활동도 병행하고 있습니다. 정형외과가 우리 병원에서는 주요한 과목이라고 할 수 있지요. 어깨관절 분야는 지역을 넘어서, 해외에서도 명성이 높으며, 롯데자이언츠 구단과 결연을 통해 선수들을 관리를 해오고 있기도 합니다. 국내외 세미나와 연수, 강좌에서 직접 연설을 하거나 수상을 하는 등 다양한 활동들을 세계적으로 하고 있습니다.

정형외과 이외에도 내과만 하더라도 순환기, 호흡기, 신장, 내분비, 감염, 소화기 등 세분화된 진료를 진행하고 있고, 심뇌혈관센터를 중점적으로 육성하고 응급의료센터를 운영하고 있는 것도 중요합니다. 심장, 뇌 등의 응급상황의 환자를 24시

간 케어하고 수술할 수 있는 여건이 우리 병원에 다 갖춰져 있지요. 중환자실 30병상을 갖추고 있고, 내외과계 중환자실과 심뇌혈관계 중환자실로 구분해서 운영하고 있습니다. 심장과 뇌의 정상적인 기능을 할 수 있도록 '에크모'(심장이나 폐 등이 심각하게 저하된 환자들의 생명연장장치) 의료시설을 갖추고 있어서 이들을 돌볼 수 있는 적절한 시설을 갖추고 있어, 지역 고령 인구의 위기에 늘 대비할 수 있습니다.

걱정 마시라

설립한 지 30년에 이르렀다는 것만으로도 지역에 밀착해 의료를 지속해 왔다는 것을 뜻합니다. 병원과 재단의 이념을 잘 지켜나가며 지난 30년간 지역 주민의 건강지킴이, 지역 주민의 삶의 질을 높이는 선구자적인 병원이 되는 데 헌신해 온 것 같습니다. 개인적으로는 좋은삼선병원에서 제 미래를 설계할 수 있었다는 것도 큰 의미 중 하나입니다. 개원 이듬해 교육수련병원으로 인증을 받아, 우수한 인재를 배출해 의술과 인술을 베풀고 있다는 데서 자부심을 갖고 있습니다. 30개 과가 진료에 임하고 있는데, 각 과와 센터에 소속되신 한 분 한 분이 수준 높은 의료진으로 국내 어떤 의료진에도 뒤쳐지지 않는다고 자부합니다. 환자분들이나 고객들껜 걱정마시고 찾으시라고 말씀드리고 싶습니다. 우리 병원은 경증, 중증, 응급 등등 어떤 경우에도 방문하시더라도, 치료가 가능하고 치료 이후엔 희망과 웃음으로 나갈 수 있도록 혼신을 다하고 있습니다.

철학, 태도, 동호회 활동

좋은병원들 네트워크를 설립한 철학과 이념을 사명으로 여기고 있습니다. 변화하지 못하는 조직은 성장과 지속이 불가능하다는 말을 요즘 강하게 되새기고 있는 중입니다. 극심한 변화에 병원이 대응하지 못하면, 지속은 불가능하기 마련이니까요. 생명과 환자를 코어에 두는 것을 잊지 않으면서 좋은삼선병원의 비전을 경영진

과 함께 하기 위해 숙고하는 중입니다. 환자-직원-사회와 병원이 상호 소통하는 방식을 통해, 만족을 넘어 감동을 주기 위해 여러 모색을 진행 중이기도 합니다. 친절, 청결, 절약이라는 내부적 실천 규약은 당연하지만, 직원들의 '동호회 활동(등산, 독서, 축구, 골프 등)'이나 '환자를 위한 다양한 이벤트' 등의 실천들도 중요하게 생각합니다. 이런 철학과 이념이 이루어내는 실천적인 관계는 결국 환자들을 위한 약속과 배려를 이루어내는 것이라고 여깁니다.

공장에서 스마트로, 협업이라는 테크네

앞으로 병원의 미래는 인공지능을 활용하는 병원이냐의 여부가 관건이라고 생각합니다. 좋은삼선병원은 다음 100년을 위해 스마트의료환경과 신혁신의료환경을 구축하고 메디컬 AI를 진료에 접목시켜 치료에 앞선 의학을 도입하고자 합니다. 병원이 설립되었을 무렵만 해도 인근 지역에 공장이 많아서 절단을 비롯한 정형외과의 환자가 엄청 많았어요. 또 교통사고 등의 다발성 환자들이 많이 찾았습니다.

지금은 정형외과도 많지만, 내과도 많은 환자군을 이루고 있습니다. 심혈관을 비롯한 내과 영역이 필수의료로 지정되어 있는데, 일반적인 병원에서는 치료가 불가능합니다. 종합병원에서의 협업 구조는 필수의료에 특히 중요합니다. 환자 상태가 대부분 복합적이기 때문이지요. 고령의 환자들의 수술에서도 종합적인 판단을 해 수술이나 진료를 해야 하는 일이 많습니다. 새로운 테크놀로지와 외적 환경의 변화를 열심히 체화하려고 하지만, 현재로선 모든 과가 협업을 통해서 환자에게 최적화된 의료를 제공해야 한다고 모두가 느끼고 있는 중입니다.

사랑받는 데에는 이유가 있다

지난 30년간 돌이켜 보면, 한결같은 마음으로 고객 중심의 진료를 펼쳐온 것으로 판단됩니다. 이 과정에서 깨달은 진실은 고객을 위한 눈높이를 맞추는 것이라고 할 수 있습니다. 고객의 기쁨과 슬픔에 임직원이 모두 참여하고 있다는 것을 고객들이 알아주고 있기 때문에 좋은삼선병원을 사랑해 주시는 것 같습니다. 입원환자나 수술환자에 대한 간담회, 건강교실 등을 열고 있는 것도 큰 호응의 이유 가운데 하나라고 생각합니다. 30년 동안 장학사업(초중고), 다문화 지원, 어린이 지원, 이웃돕기 등을 진행하는 등 지역사회와의 매듭을 놓치지 않았던 것도 한몫 하겠지만, 핵심은 의료 역량을 꾸준히 높여 온 것에서 찾아야 할 것 같습니다.

기본이 무너지지 않는 병원을 향하여

2024년 2월 이후 의정 갈등으로 지역사회와 필수의료가 무너지고 있는 현실에서 힘들고 고통받는 환자를 보면 마음이 무겁습니다. 그럼에도 좋은삼선병원은 필수의료를 굳건히 지키고 대학보다 더 나은 환경에서 치료받을 수 있도록 모든 고객들이 근심을 덜고 희망과 웃음, 감사를 드릴 수 있도록 혼신의 힘을 다하는 중입니다. 더불어 좋은삼선병원의 역사와 미래를 함께 만들어가고 있는 모든 임직원께 이 자리를 빌어 진심으로 감사드립니다.

자발적 코호트 격리로
지역사회의 공감을 얻다

좋은강안병원 병원장 **허 현**

자발적인 코호트 격리

메르스 때, 우리 병원은 자발적으로 병원을 코호트 격리를 단행함으로써, 병원을 닫은 경험이 있습니다. 좋은강안병원이 진료 이익을 포기하고 메르스를 잡기 위해서 그런 결정을 했다고 해서 지역사회에 큰 호응을 얻었습니다. 그리고 좋은병원들을 센터 중심으로 구축하게 되면서 좋은강안병원도 내실을 구축할 수 있게 되었습니다. 대학교수 출신 등이 영입되어 병원 내 센터가 확실한 기능을 하게 되면서 지역사회의 신뢰가 많이 생긴 것으로 알고 있습니다. 최근엔 이런 전문성 역량이 커지면서 환자들이 수술은 서울에서 하더라도, 부산에서도 서울과 동일한 표준치료가 가능한 항암치료는 좋은강안병원 암센터에서 충분히 받을 수 있을 정도로 명성을 넓히는 중입니다. 이러한 사실들이 지역사회에 실질적으로 기여하고 있다는 점을 보여주는 사례라 생각합니다. 또 경영진들이 센터설립 등에 투자를 많이 하는 노력이 지역사회를 건강하게 만들고 믿음과 신뢰를 준 것이라고 이해하고 있습니다. 지속적으로 시민을 위한 교육프로그램, 심포지엄을 다양하게 진행해 지역민들의 호응을 받고 있기도 합니다.

병원장 최 현
은강인병원

뒤지지 않는 전문성과 경쟁력

좋은강안병원은 지난 20년간 지역을 대표하는 종합병원으로 성장해왔습니다. 단순한 치료를 넘어 환자의 삶의 질을 높이는 것을 목표로 최상의 의료 서비스를 제공해 왔습니다. 의료진과 직원들이 한마음으로 노력한 결과, 우리는 환자분들이 믿고 찾을 수 있는 병원으로 자리 잡았습니다. 또한, 암센터, 건강증진센터, 관절센터 등 특화된 진료 분야에서 수준 높은 의료를 제공하며, 서울의 대형 병원과 견줄 만한 전문성과 경쟁력을 갖추고 있습니다.

암치료와 토모테라피

우리 병원은 정형외과, 신경외과, 내과, 암 치료 등 다양한 분야에서 전문성을 자랑합니다. 특히, 관절·척추 질환 치료에서 두각을 나타내며, 최신 의료 장비 도입과 맞춤형 치료로 환자들의 빠른 회복을 돕고 있습니다. 또한, 암센터에서는 방사선 치료기인 토모테라피(Tomotherapy)를 도입하여 지역사회 암 환자들이 가까운 곳에서 수준 높은 치료를 받을 수 있도록 하고 있습니다. 건강증진센터도 지속적으로 확장하여 예방의학을 강화하고, 조기 진단을 통해 환자들의 건강을 지키는 데 힘쓰고 있습니다.

협력할 수 있는 능력을 갖춘 사람들의 집합체, 좋은강안병원

좋은 병원은 '좋은 사람'이 모인 곳에서 시작된다고 믿습니다. 저는 직원들이 자부심을 가지고 일할 수 있는 환경을 만드는 것이 무엇보다 중요하다고 생각합니다. 직원들의 성장이 곧 병원의 성장으로 이어지기에, 의료진과 직원들이 서로 존중하고 협력하는 문화를 조성하는 것이 중요합니다. 또한, 환자 중심의 진료 철학을 실천하며, 단순히 질병을 치료하는 것을 넘어 환자의 마음까지 돌보는 병원이 되기를 바랍니다.

공공의료와 지역거점

우리 병원은 20주년을 맞아 또 한 번의 도약을 준비하고 있습니다. 앞으로도 지역 거점 병원으로서의 역할을 더욱 강화하며, 환자 중심 의료를 실천하는 데 집중할 것입니다. 최신 의료 기술 도입과 의료진 역량 강화를 통해 더욱 신뢰받는 병원이 될 것이며, 3차 병원 수준의 의료 서비스를 제공할 수 있도록 지속적인 혁신을 이루겠습니다. 또한, 환자들이 편안하게 치료받을 수 있는 환경을 조성하고, 보다 적극적인 공공의료 역할도 수행해 나가겠습니다.

이른 바 의료대란 이후

의료대란 이후, 경증환자가 응급실에 못가고 중증 환자만 응급실을 이용하게 되는, 일종의 정상화 과정이 나타나고 있습니다. 이런 변화는 바람직하다고도 볼 수 있습니다. 왜냐하면 경증으로 응급실을 찾게 되면 비용이 증가해, 가벼운 증상을 겪는 환자분들이 굳이 응급실을 찾지 않게 된 것입니다. 의과대학이 제 기능을 하기 어렵게 되면서 대학교수가 민간병원으로 유입되는 상황도 저희로서는 긍정적입니다. 지역의 주요 의과대학에서 교수들이 빠져나오는 이유 가운데 하나는 대학병원은 마취과가 수술을 열어주기도 어려운 상황이기 때문입니다. 대학병원에서 수술을

좋은강안병원

받고자 한 환자가 저희 병원으로 와 수술을 받는 일도 있었습니다. 사실 저희 병원의 내과 의사들의 피로도가 높은 상황입니다. 아무래도 내과가 응급상황이 많기 때문입니다. 저희 병원에선 가급적 응급 수술은 진행하려고 하고 또 그만큼의 역량이 마련되어 있기도 합니다. 의료대란으로 인한 병원의 판도가 달라져 진짜 중환자들을 다루게 된 것은 긍정적인 부분이지만, 새로운 시스템을 안착하지 못한 또 다른 위기가 올 것은 분명해 보입니다. 미국처럼 의원-2차 병원-3차 대학병원(각 단계의 소견서가 필수적으로 마련되어야 함)으로의 의료전달 체계가 이루어져야 지방의료가 제대로 작동하겠지만, 한국에선 이런 단계적 구조가 마련되지 않은 상황입니다. 우리 병원엔 현재 90명이 넘는 실력과 역량이 뛰어난 의사들이 병원에서 맡은 바 최선을 다하는 중입니다. 그렇지만 이 '대란'이 빨리 마무리되어서 새로운 의료 체계가 들어서기를 기다릴 수밖에 없습니다.

사랑은 믿음과 신뢰로부터

좋은강안병원이 환자분들께 꾸준히 사랑받을 수 있었던 가장 큰 이유는 '믿음과 신뢰'입니다. 우리는 단순한 진료를 넘어 환자의 입장에서 생각하고, 따뜻한 의료 서비스를 제공하기 위해 최선을 다해왔습니다. 또한, 끊임없는 변화와 도전을 통해 의료의 질을 높이고, 지역사회와 함께 성장하려는 노력이 환자분들께 신뢰를 주었다고 생각합니다.

좋은강안병원은 언제나 여러분 곁에서 건강한 삶을 지키기 위해 노력하고 있습니다. 병원이 단순한 치료 공간을 넘어, 언제든 편안하게 믿고 찾을 수 있는 곳이 되도록 최선을 다하겠습니다. 앞으로도 '환자, 직원, 사회가 가장 좋아하는 병원'이라는 비전을 지켜가며, 신뢰와 따뜻함으로 곁을 지키는 병원이 되겠습니다.

실력은 상류로
마음은 하류로
좋은문화병원 의무원장 **김상갑**

좋은문화병원 산부인과 전문의로 1992년 입사, 33년 1개월 23일째(2025년 2월 27일 목요일 현재) 근무하는 김상갑 좋은문화병원 의무원장은 여전히 기백이 넘친다. 스스로는 아직 나이가 들었다는 걸 실감하지 못한다고 단호하게 말했다. 자신이 늙지 않았기에 여전히 의사로서의 직분을 수행할 수 있으며, 의사로서 활동할 수 없는 순간이 오면 단호히 그만두겠다고 말했다.

은퇴가 없는 '의사'에게 의사를 그만두어야 하는 시점은 호기심이 없어지고, 공부를 게을리하게 되고, 성장을 포기하게 되는 '순간'이라고 했다. 그에게 '나이 듦'은 무기력함에 가까운 의미다. 또는 새로운 공부를 하지 못하게 되는 무능력이라는 의미이기도 하다. 어쩌면 그는 나이를 '망각'함으로써 의사의 의무에 여전히 맹렬하게 매달려 있는지 모른다.

호기심과 수술

1992년 좋은문화병원 입사 이전에 부산성모병원(성분도병원)에서 8년간 근무하며 과장으로 재직했습니다. 좋은 말로 스카웃이지만 박봉에서 벗어나야 할 필요성, 그러니까 가족을 건사하는 가장으로서 경제적인 도움이 필요했습니다. 트레이닝이 성분도병원의 주요 의무여서 교육해야 할 책임을 함께 맡는 게 매우 좋았지만, 이직을 택했습니다. 전문의가 된 후 개업 대신 성분도병원을 택한 가장 큰 이유는, 비록 순간적일지라도 수술이 주는 희열과 호기심이 좋았기 때문입니다. 아무래도 개업의가 되면, 경영에 골머리를 싸매야 해서, 그 길은 맞지 않다고 생각했습니다. 지금도 수술이 정말 좋습니다.

나이가 겸손을 무너뜨리지 않게 하는 법

나이 들었다고 예전보다 수술이 적어지지 않았고 지금도 입사 때처럼 수술을 지속하고 있습니다. 조금이라도 재미가 없으면 더 이상 수술을 못 할 테지만, 수술은 물론이고 환자를 대면하는 순간의 긴장도는 예나 지금이나 같습니다. 33년의 근무동안 세월을 잊고 살아왔다는 생각도 듭니다. 일에만 파묻혀 있었던 것이 아니라, 오히려 나이를 잊고 지내온 것 같습니다. 대신 가족에 대한 미안함이 좀 있지요.

의사생활 하다보니 직업관과 가족 사이에 괴리가 있었던 거 같기도 합니다. 젊은 세대는 아무래도 일과 가족 사이에 균형을 잡으려 하지만, 우리 세대는 오로지 직장=직업=가정이라는 등식이 있어서 그렇게 살아온 거 같습니다. 옛날 사람이라 그런지 삼박자(개인-사회-국가)가 잘 조화롭게 어우러지도록 삶의 방향을 잡는 것이 일종의 의무처럼 여겨지기도 했습니다.

의사로 사는 일은 저 조화를 이루는 핵심에 있다고 스스로 여기고 있는 것이지요. 물론 환경이 바뀌어 가고 있어서, 이런 의무감을 후배들에게 강요할 생각은 없습니다. 오히려 제가 젊은 후배들에게 배우는 바가 많습니다. 그저 저는 이론보다는 선배 의사로서, 말이나 실력을 가르치기보다, 삶 자체로 본보기가 되어야 한다는 생각만 하고 있을 뿐입니다. 후배들을 조심스럽게 대하고 있습니다. 모르는 건 아직도 묻고 그런 용기가 충만하기도 하고요.

의사의 의무는 최신 의료를 환자에게 제공하는 것

의사로서 가장 큰 의무는 환자에게 가장 최신 의료를 제공해야 한다는 것입니다. 최신 의료에 대한 공부를 하지 않고, 자기 실력을 성장시키지 못하면 환자에게 의사로서 의무를 다하지 못하는 것이거나 저버린 것입니다. 그러므로 현 환경에 맞지 않는 의료행위를 한다는 것은 의사의 중요한 의무사항을 다하지 않는다고 판단해야 합니다. 최신 의료를 공부할 의지와 의무가 없으면 의사직을 놓아야 한다고 여기고 있습니다.

의사는 다른 누군가가 직을 그만두라고 할수 없기 때문에, 의사를 그만두기 위해선 스스로 판단해야 하고, 은퇴는 자기 자신만이 결정하는 것이니까요. 자기 공부가 지역사회와 어떻게 연결되는지를 고민하며, 도덕과 윤리를 스스로 지키고 유지해야 한다고 생각합니다. 저는 이 부분을 항상 유념해야 한다고 봅니다.

되돌아보니, 여전히 호기심 왕성한 의사

날짜를 다시 헤아려 보니, 도저히 믿기지 않네요. 출근할 때마다 마음은 늘 같다고 느끼는데, 벌써 33년이 지났다는 사실이 믿기지 않습니다. 만약 일의 강도가 약해지고 노인의사 취급을 받는다면, 세월의 무게를 느끼겠지만, 전혀 그렇지 않거든요. 임원진을 제외하고 좋은문화병원에서 가장 오래 있었는데, 구정회 회장님과 문화숙 병원장님도 마찬가지라고 생각합니다.

구정회 회장님을 3년 차 예과 다닐 때, 처음 뵀는데, 과장해서 말하면, 그때나 지금이나 별반 차이가 없다고 생각합니다. 저한텐 여전히 엄격한 '선배'시니까요. 33년을 재직하면서, 회장님의 인문학적 감각과 늘 깨어있는 정신을 배운 게 큰 도움이 되었다는 점을 부기해야 할 것 같습니다.

한숨 다음에 안심, 인문학적 통찰

가령, 의사는 과학과 인문학을 함께 통합해야만 한다는 걸 이해하게 되었지요. 과학적 근거에서 인문학적 소양을 가져야 환자를 치유할 수 있기 때문입니다. 일반적으로 최고의 수술 기술만을 쫓지만, 숙련된 기술이 필요하되 인문학적 표현을 할 수 있어야만 합니다. 환자가 찾아올 때는 긴장을 하고 오기 때문에, 의사들은 이 긴장을 완화할 수 있도록 짧은 대화를 통해서 환자의 마음을 열어줘야만 합니다. 마음이 열려야 치료가 잘 되기도 하고요.

요컨대, 환자의 '한숨' 다음에야 비로소 '안심'이 따라온다고 할까요. 그래야 환자들이 나갈 때는 복잡했던 마음이 풀리게 됩니다. 말을 통해 '풀어주는 인문학적 역량'이 중요한 건 이 때문이지요. 지금도 <도덕경>, <중용> 등을 읽고 있습니다. 짧은 경구로 되어 있어서 찰나에 읽기에 좋거든요. 이런 책들을 읽으라고 권하고 싶지만 쉽지 않다는 것도 압니다. 아들도 의사이지만, 책을 안 읽거든요.

왜 인문학적 관계성의 통찰이 의사에게 필요한가

산부인과 의사들은 환자들이 진료를 준비하는 데 시간이 걸리기 때문에, 짬짬이 시간을 이용해서 짧은 경구로 이루어진 책을 볼 수밖에 없는 형편입니다. 집에서 따로 읽는 것도 쉽지 않고요. 독서의 중요성은 건강에 있습니다. 생물학적 건강이 아니라, 관계적 건강을 이루는 데 책만큼 중요한 게 없습니다. 통상적으로 건강이 신체적, 정신적, 사회적으로 건강해야 건강하다고 할 때, 의사들에게 부족한 게 사회적 관계성의 영역이라고 할 수 있습니다.

저절로 사회적 관계성이 이루어질 것이라는 착각을 하지만, 이 부분이 잘못 마련되면 큰 화를 당할 수도 있습니다. 그만큼 등한시 할 수 없지만, 이 영역을 전문교육에선 따로 할애를 하지 않는 경향이 있습니다. 학교나 수련병원에서 훈련을 받을 때는 밤잠을 줄여가며 의료 행위에 대한 공부는 당연히 해야 하지만, 전문의 자격을 받은 이후에는 책 공부와는 전혀 다른 산 공부가 필요합니다. 최근에 의료대란에 대한 담론이 많지만, 의사들에게 쏟아지는 여러 비난도 새겨 들어야 한다고 여깁니다. 작은 소리도 부닥쳐서 나온 것이라면, 전혀 근거없이 문제제기가 나올 까닭이 없다고 생각하거든요. 외부에서 들리는 '소리' 그러니까 그것을 환자들의 말이라고 한다면, 주의 집중을 통해 잘 새겨들어야만 하는 것입니다.

의사의 희열, 찰나에 지나지 않는 순간

환자들이 치료 이후 감사한 마음을 할 때, 짧은 순간이지만 바로 그 순간이 천국이 아닌가 하는 느낌이 듭니다. 수술을 통해 환자들의 긴장이 완화되었을 때, 얻는 희열은 짧지만 정말 강렬한 것이라고 생각합니다. 그러기 위해선 정말 환자를 사랑해야만 합니다. 애정없이 '관찰'은 없습니다. '관찰'을 통해 풍경과 사물을 사랑하는 사진가처럼 말입니다. 가족을 사랑하듯이 경청하고 치료해야 결과가 좋은 법입니다. 의사와 환자는 '설렘'에 기초한 관계여야만 하는 것이지요. 그래서 출근할 때, 수염이 덥수룩하거나 관리 안 된 상태를 보여줄 수 없습니다.

낮은 자세로 대양이 되는 의사

종종 선배로서의 역할이 무엇인가를 생각해 봅니다. 앞서 질문에서도 의사의 위치를 이야기하기도 했는데요. 가장 낮은 자세로 의사의 의무를 해야 하고, 또 의사들 사이에서도 그러해야 한다고 되새기는 중입니다. 왜냐하면 일반적으로 의사들이 높은 곳으로만 올라가는 사람들이라 내려가기를 죽는 것처럼 싫어해, 낮아지는 '자세'를 경험하지 않으면 작은 일에도 좌초할 가능성이 높거든요. 아니, 바다는 하류 끝에 있을 수밖에 없는 데도 그런 지혜를 적용하지 못하는 것이죠. 자기를 낮추는 것이 마치 죽는 일처럼 생각한다고 할까요. 병원도 일종의 '사회'라는 것을 주지해야 합니다. 한 사람이라도 소홀히 할 수 없는 게 병원이라고 할 수 있지요. 한 사람이라도 빠지면 병원은 제대로 돌아가지 않습니다.

좋은문화병원은 이런 인간과 사회가 잘 관계로 이루어지고 있지만, 위에 있는 분이 낮은 자세를 갖춰야 원활한 방식으로 이루어집니다. 제일 안 좋은 방을 스스로 선택함으로써, 다른 의사들이 방선택에 따른 말이 없게 했던 일화가 있습니다. 초음파 기계도 가장 오래된 것을 자발적으로 선택한 것입니다. 리더들은 가장 하류로 내려와야 한다고 생각하지요. 거기에선 모두 만나게 되니까요. 그게 33년 좋은문화병원에 있도록 한 동력이었던 거 같습니다. 어떻게 더 낮은 자세로 임할까, 외래나 수술에서도 이런 자세와 태도를 갖추어왔고 행동해 왔다고 자부합니다.

후배들을 가르치려고 하기보다 행동으로 보여주는 것만이 가장 좋다고 여깁니다. 후배 과장님들의 수술을 보면서도 항상 격려만 해 드릴 따름입니다. 다들 너무 열심히 하고 있다는 생각이 들면서, 한국적 의료의 미래가 밝다고 여겨지기도 하고요. 한국적 의료는 인문학적 소양으로부터 비롯된다고 판단되기도 합니다. 이런 '하류'의 위치성을 통해 책임과 의무를 다하는 한 명의 의사를 만들어내는 게 중요할 것입니다. 밖에서 보는 것보다 훌륭한 의사들이 내부에 많이 있습니다. 안심하고 좋은문화병원을 찾으시면 됩니다.

'부쟁(不爭)'

실력은 상류로 마음은 하류로 가야 '존경'을 받을 수 있습니다. 존경만큼 두터운 신뢰는 없습니다. 병원이 생존하는 길은 거기에 있습니다. 24시간 3교대 하는 간호사의 경우도 마찬가지입니다. 또 병원의 각 층위에서 일하는 사람들 모두에게 해당되기도 합니다. 각자가 하류에 위치할 때, 각자가 소속한 영역은 더할 나위 없이 잘 지속하게 될 것입니다. 도덕경의 마지막에 '부쟁不爭'이라는 말이 있습니다.

번역하자면 싸우지 않는 것, 싸움이 없도록 하는 것, 싸우지 말라는 것 정도로 말할 수 있겠습니다만, 이외에도 복잡 미묘한 의미들이 있겠지요. 하류와 '부쟁'은 닮아 있습니다. 하류에 있으면 싸울 일 자체가 없기 때문입니다. '부쟁'이라는 말이 얼마나 멋진지 모르겠습니다. 그런 점에서 저는 뱉은 말에 책임을 지는, 하류의 의사로 지내겠습니다.

치유의
순간들

의료진의 하루와
치료의 과정

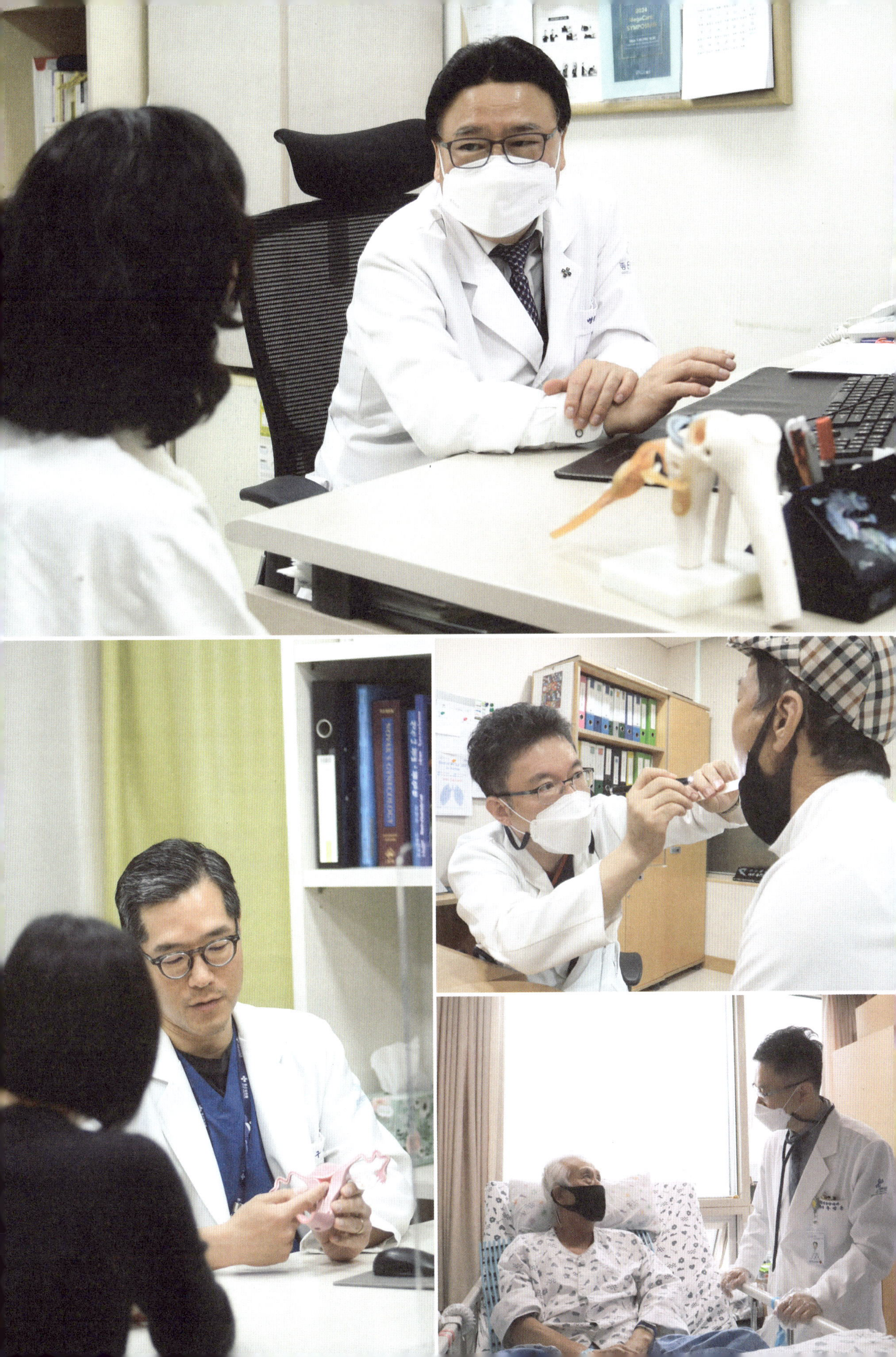

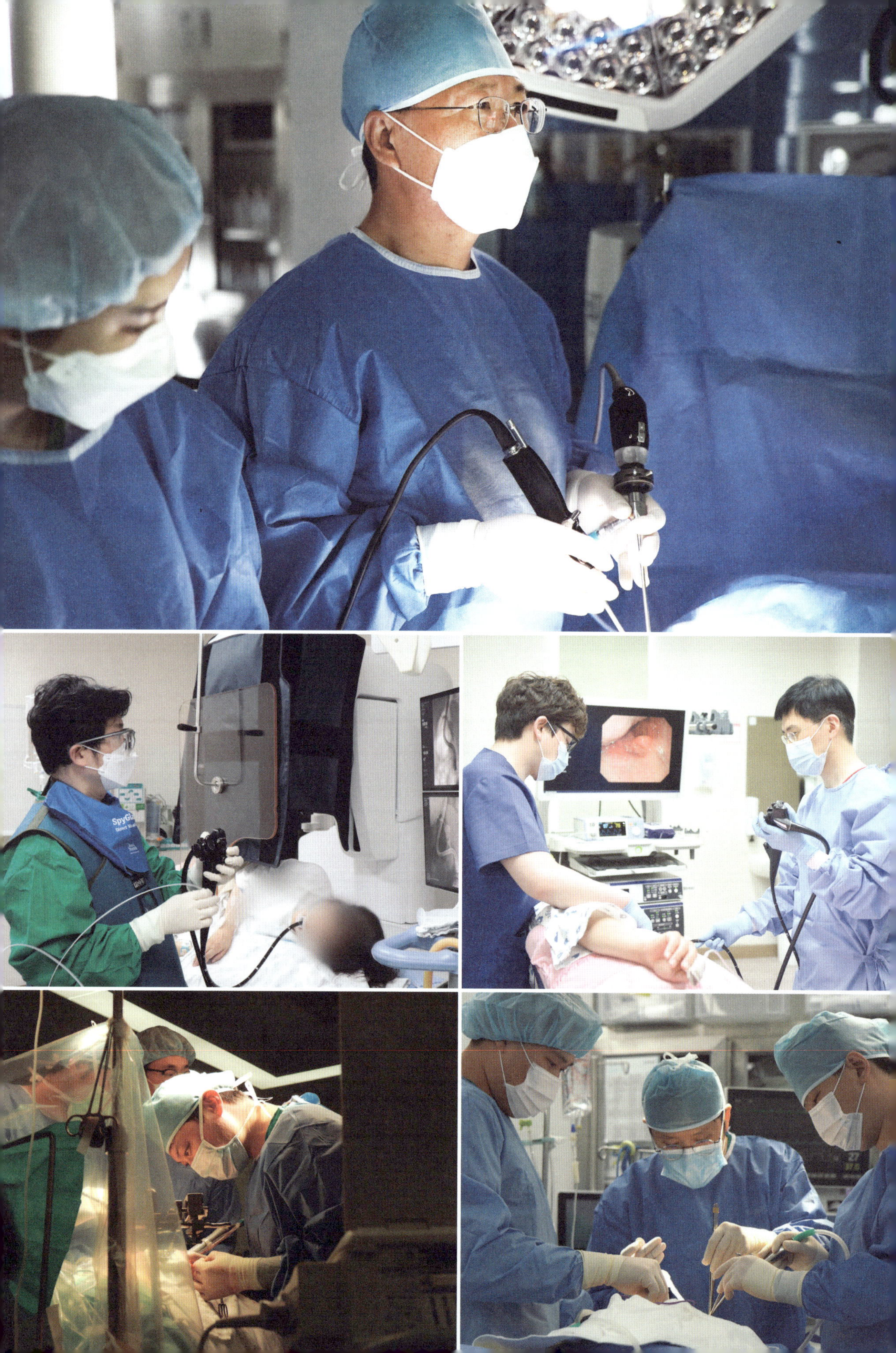

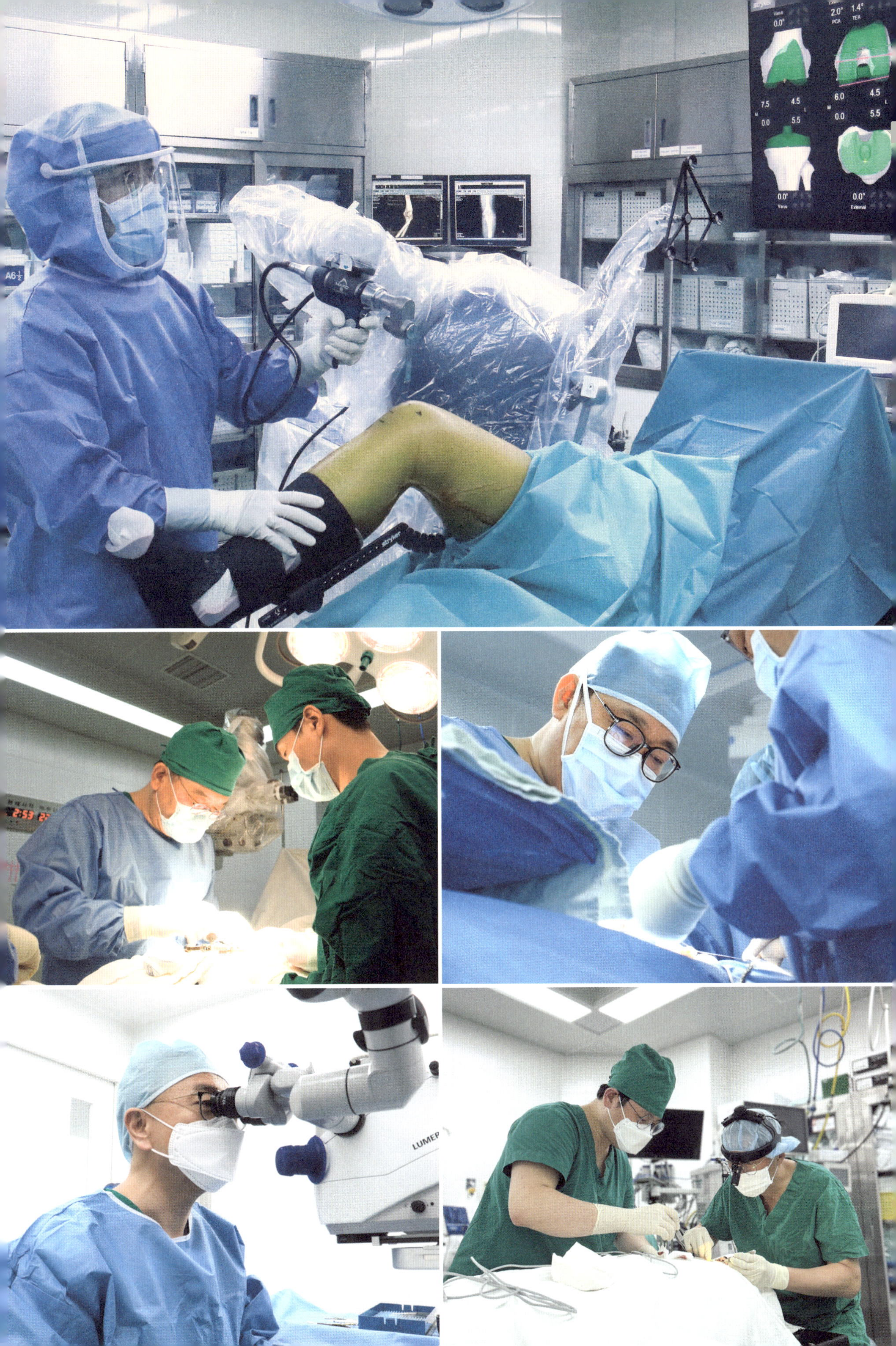

확실하고 정확한,
친절하고 사려깊은 웃음

좋은강안병원 소화기내시경센터 소장 이동현

이동현 소장은 좋은강안병원이 설립할 때 펠로우 과정을 마치고 근무하기 시작해 20년간 좋은강안병원을 지키고 있다. 그를 만나면 사람 좋은 인상과 웃는 얼굴로 인해 대면한 사람들이 무장을 해제할 것이라 여겨진다. 일상적인 대면에서도 그런 느낌을 받는데, 환자들은 불안과 걱정, 염려를 지우게 될 것이다. 그의 인상 때문만은 아니다. 말하는 어투와 설명에선 '친절'이 묻어 있고, 상대에 대한 '배려'가 흘러넘친다. 무엇보다 그는 이룬 성취에 안주하지 않고, 끊임없이 나아가는 사람이다. 그에 대한 신뢰는 바로 여기에서 비롯된다.

그는 좋은병원들 가운데서 처음으로 미국 연수를 다녀온 의사이기도 하다. 2017~2018년 스탠포드 의대에서 미국의 의료상황과 전공 연구를 할 기회를 병원으로부터 제공받았다. 그때 가족들도 함께 미국에 가기로 했고, 지금은 딸이 유학 중이라고 했다. 그는 은성의료재단이 자신에게 연수 기회를 준 이유에 대해, 좋은강안병원 설립 초기부터 소화기내과가 병원 성장의 핵심 동력이었기 때문이라고 설명했다.

3명으로 시작한 내과가 지금은 11명의 의료진을 갖춘 부서로 성장했으며, 그 자생적 성장에 대한 그의 자부심은 자연스럽고 충분히 이해될 만한 것이었다. 그는 자신의 한계를 꾸준히 넘어서는 도전을 멈추지 않았다. 부족함을 보충하기 위해 꾸준히 공부하고 배우는 데 인색하지 않았다.

이동현 소장은 앞으로 좋은강안병원이 지금도 대학병원 수준의
역량을 발휘하고 있지만, 인프라를 더욱 확충하고 인원을 더 보강
해 명실상부한 국내 핵심 병원으로 자리매김되면 좋겠다고 조심
스레 의견을 밝혔다. 그는 지금도 새로운 케이스가 나오면 새로운
연구자료를 검토하며 최적화된 의료를 제공하고자 차분하게 진료
실을 지키고 있다. 그리하여 좋은강안병원이 그의 웃음을 닮았을
까 생각게 된다.

외과의가 되고 싶었던 사나이,
마취의가 되다

좋은강안병원 마취통증의학과 부장 **이현섭**

그는 원래 외과의가 되려고 했다. 그러나 키가 너무 큰 게 문제였다. 190cm가 넘는다. 당시 외과 교수님들과 수술에 들어가면 큰 키로 인해 수술을 보조하는 게 여간 고통스러운 게 아니었다. 다리를 벌리고 수술하거나 무릎을 굽혀서 수술에 참여하고 나오면, 그야말로 안 아픈 데가 없을 정도였다. 그의 키에 맞춰 수술대 높이를 유지하는 건 불가능했다. 슬픈 이야기지만, 사실 그의 적성은 마취통증의학과에 더 잘 맞았다. 일반적인 의사들은 환자를 대면하는 과정이 필수적이었으나 마취통증의학과는 집도의의 수술에 집중해야 했고, 그는 그런 점이 좋았다고 했다.

그의 말에 따르면 흔히 '마취'라고 생각하지만, 실제로는 '진정'의 영역에 해당하는 경우가 더 많다고 했다. 대장 내시경을 할 경우에 마취 약물을 사용하긴 하지만, 진정한 의미에서 그것은 환자들을 '진정'시키는 것이지 마취하는 것이 아니라고 했다. 이른 바 마취통증의학과라는 이름을 단 병원도 그러하다. 달리 말해, 마취통증의학과 의사는 '수술'에만 한정된다고 이야기 한다. 결국 마취는 '수술'을 전제로 한 의료 행위다. 수술이 아니라면 마취통증의학과 의사가 개입할 이유는 없다. 이는 마취통증의학과 의사가 수술에 대한 '이해도'가 필수적이라는 것을 암시한다.

이현섭 부장은 마취통증의학과 의사가 너무 부족한 현실에 대해 안타까워했다. 그만큼 어려운 자리여서, 요즘 대학병원에서도 마취통증의학과 의사가 없어서 수술을 잡지 못하는 경우가 빈번히 일어나고 있는 중이라고 이야기했다.

실제로 수술시간이 늘어나면 마취통증의학과 의사도 함께 수술실을 지켜야 하기 때문에, 긴 수술의 경우 3~4시간에서 길게는 12시간까지 되는 수술도 경험했다고 말했다. 마취통증의학과 의사 손이 현재 많이 부족한 상황이어서 의료계 전체의 개선이 필요하다고 힘주어 말했다. 좋은강안병원에서는 이현섭 부장을 중심으로 한 의료진 덕분에 수술이 무리없이 진행되고 있다.

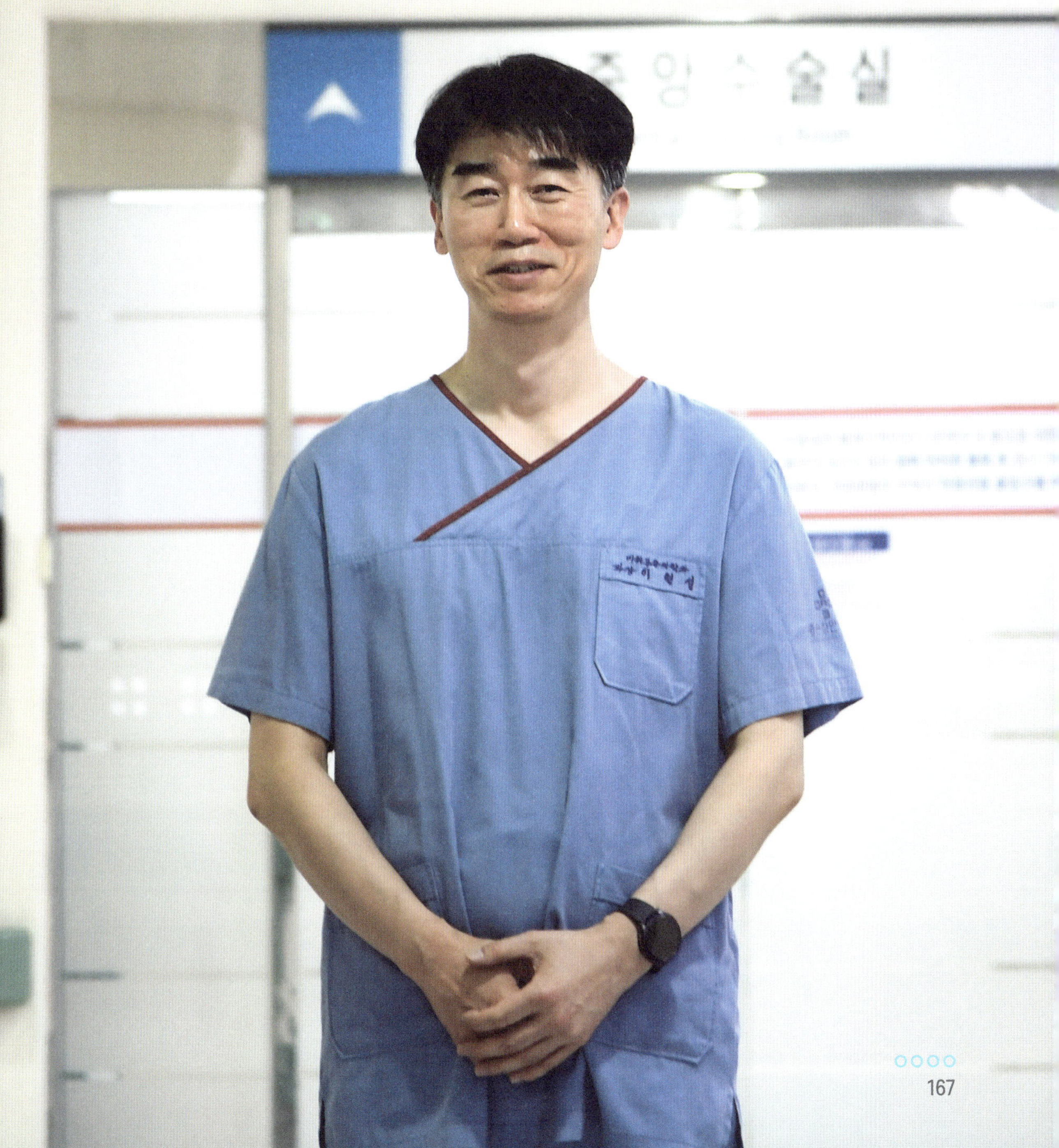

'패턴'은 나의 힘

좋은삼선병원 7병동 간호사 **김동근**

그는 2년 차 간호사다. 아직 신입의 티를 완전히 벗어났다고 하기는 어렵다. 그럼에도 제법 유니폼이 잘 어울리고 마스크를 쓴 얼굴은 정갈하고 단정하다. 빳빳한 유니폼과 마스크처럼 긴장이 가시지 않은 자세에서는 아직 더 배워야 할 것이 많은 '준비 중'의 이미지가 전해진다.

김동근 간호사는 간호사로 일하고 있는 친누나의 권유로 좋은삼선병원에 입사했다. 누나의 지인들이 좋은삼선병원에 근무하고 있어서, 병원의 분위기나 복지 등에 대해서 여러모로 알아볼 수 있었고, 그 덕분에 간호사가 되려는 동생에게 추천을 해주었을 것이다. 김해에 본가가 있지만, 냉정역 근처에 있는 기숙사에서 생활 하고 있다. 고등학교 때부터 간호사인 누나를 통해 간호 관련 정보를 들으면서 자연스레 간호학과로 진학 했지만, 긴급한 상황이 닥치면 침착하게 문제를 해결하는 과정에서 뿌듯함을 느끼는 성향이 간호사라는 직업과 잘 맞는다고 생각했다고 했다.

간호사의 업무는 혼자 하는 일이 아니어서 다른 동료들과 협업하는 방식이 매우 중요하다고 이해했다고 한다. 그런데 이 협업에서의 스트레스도 상대를 향하는 게 아니라 자신에게 향했다. 그는 혹시 자신이 실수하게 될까봐 여전히 걱정하고 있었고 긴장감을 가지고 있었다. 그러니까, 자신의 실수가 혹시나 모를 폐를 끼칠 것을 염려하고 걱정해서, 일하는 방식에서 실수 하지 않기 위한 일의 순서를 찾고 있는 것이었다. 그가 속해 있는 7병동 사람들과도 어느 정도 '라포'를 형성했는데, 그는 7병동 사람들이 좋기 때문이라고 했지만, 그 역시 좋은 '사람'이 아니었다면 '좋은' 사람들과 관계하기 어려웠을 것이다.

김동근 간호사는 관계도 중요하지만, 간호사로서 실력을 갈고닦지 않으면 관계에서도 문제가 생긴다고 했다. 사람마다 다르지만, 본인의 스타일은 자신보다 역량을 더 잘 발휘하는 간호사를 보면, 나도 저만큼 해야겠다고 다짐하는 스타일이어서, 동료들 사이에 이루어지는 평가가 자극제가 된다고 했다. 동료 간호사들 사이에서 커뮤니케이션이 제일 중요하듯이 환자와의 커뮤니케이션도 중요한 것이다. 공감과 치료 둘 다 좋지만, 그럼에도 치료 하는 게 우선이라고 단호하게 말했다. 신입 때 느낀 보람은 잘 잡히지 않는 혈관을 한 번에 잡아서, 선배 간호사에게 인정을 받았던 때였다고 한다. 여러 번 놓아야 할 주사를 한 번에 찾았으니, 환자도 선배 간호사도, 또 자신도 마음을 '놓았을' 터였다.

자신도 언젠가 후배 간호사들을 이끌고 길을 열어주는 간호사가 되고 싶다고 말했다. 그리고 마지막으로 환자들로부터 '저 간호사는 믿고 맡길 수 있는 간호사다'라는 말을 듣는 간호사가 되고 싶다고 덧붙였다.

간호가족의 DNA

좋은삼선병원 수술실 간호사 **강다원**

2년 차 수술실 간호사 강다원은 선한 표정을 갖고 있다. 표정과 달리 집중력 있는 시선을 갖고 있었다. 무엇보다 낯선 사람들과 있는 자리에도 별로 긴장감이 없었다. 수술실 간호사는 수술 과정에 직접 참여해서, 집도의와 긴밀히 협력하여 수술이 원활하고 안전하게 진행되도록 돕는 전문 간호사이다. 수술실 안에서 의사와 협업하는 것이 자신의 주 업무라고 했다.

강다원 간호사는 좋은삼선병원에서 쌍둥이 동생과 함께 간호사로 근무 중이라고 했다. 동생은 응급의료센터 간호사로 일하고 있어서 마주치는 일이 잘 없지만, 그래도 함께 생활하는 게 즐겁다고 했다. 수술실은 주간 근무와 당직만 서면되기 때문에 일정한 리듬이 있지만, 응급실은 3교대 근무라 아무래도 다른 리듬감을 갖는 것 같다고 이야기했다. 수술실은 규칙적인 리듬을 가지고 있어서 여가나 취미, 공부를 하기 좋은 파트라고 했다.

수술실은 상호 존중이 잘 이루어지는 느낌이 있다고 했다. 연차의 '차이'보다 같은 일을 하는 '동질성'이 수술실에선 더 강조되는 느낌을 받게 된다고 했다. 그녀에게 입사 이후에 가장 힘들게 느꼈던 수술은 절단 수술에 처음 들어갔을 때라고 한다. 학교에서는 경험하기 어려운 수술이었기 때문이다. 그런데도 강다원 간호사는 바로 그 생소함에 빨려 들어갔다고 한다. 호기심이 마구 일었다고 하면서 말이다.

좋은삼선병원으로 지원한 것은 실습 경험 때문이었다. 선배 간호사분들이 모두 젊고 서로 잘 챙겨주는 분위기였기 때문이다. 병원 전체가 뿜어내는 기운이 그 병원의 '문화'일 것이다. 좋은 병원이란 궁극적으로 사람들 사이에서 이루어지는 관계의 에너지가 아닐까.

앞으로의 계획을 묻으니, 앞으로 5~6년 동안 열심히 공부하며 수술실 일에 최선을 다하고 싶다고 했다. 그 다음엔 새로운 수술을 경험해 보고 싶다고 했다. 네트워크로 이루어진 좋은병원들에서 새로운 수술도 경험할 수 있다면 더욱 좋겠다고 했다. 그녀에게 마지막으로 자신에게 하고 싶은 말을 주문했더니, "잘하고 있고 앞으로도 잘 해낼 거라고 믿는다."라고 말했다. 강다원 간호사는 어머니도 간호사, 언니도 간호사, 쌍둥이 동생도 간호사이다. 간호사 DNA가 넘쳐나니 특별한 걱정은 되지 않는다. 가고 싶은 데까지 최선을 다해서 나아가면 좋겠다. 부글부글 끓어오르는 내면의 에너지가 대화를 나누는 곳에까지 튈 정도니, 전혀 무리가 아닐 것이다. 지금 이곳 '좋은삼선병원'이 간호사의 시작점인 것이 분명하다.

좋은병원들 연간 외래 환자

2005년 ~ 2024년 / 단위 : 명

연도	좋은문화병원	좋은삼선병원	좋은강안병원	좋은삼정병원	좋은선린병원	합계
2005	227,351	248,627	121,653			597,631
2006	246,834	270,733	209,553			727,120
2007	261,573	262,631	253,023			777,227
2008	279,801	282,385	296,231			858,417
2009	308,668	310,072	337,578			956,318
2010	304,724	320,528	328,999			954,251
2011	299,861	324,291	340,647	135,529		1,100,328
2012	289,002	341,071	356,714	154,411		1,141,198
2013	264,172	339,038	340,546	159,824		1,103,580
2014	277,715	343,692	347,407	187,052		1,155,866
2015	283,502	355,298	343,042	201,228		1,183,070
2016	298,208	358,420	366,416	201,996	22,749	1,247,789
2017	290,543	352,968	368,221	190,420	95,981	1,298,133
2018	317,526	356,168	383,233	213,140	127,590	1,397,657
2019	340,415	354,753	401,422	248,938	137,134	1,482,662
2020	331,449	331,408	348,469	267,600	109,661	1,388,587
2021	418,698	393,208	430,313	319,450	117,578	1,679,247
2022	390,176	384,638	426,150	309,314	136,246	1,646,524
2023	377,478	367,686	431,522	279,037	118,748	1,574,471
2024	395,038	371,667	466,862	262,060	115,629	1,611,256

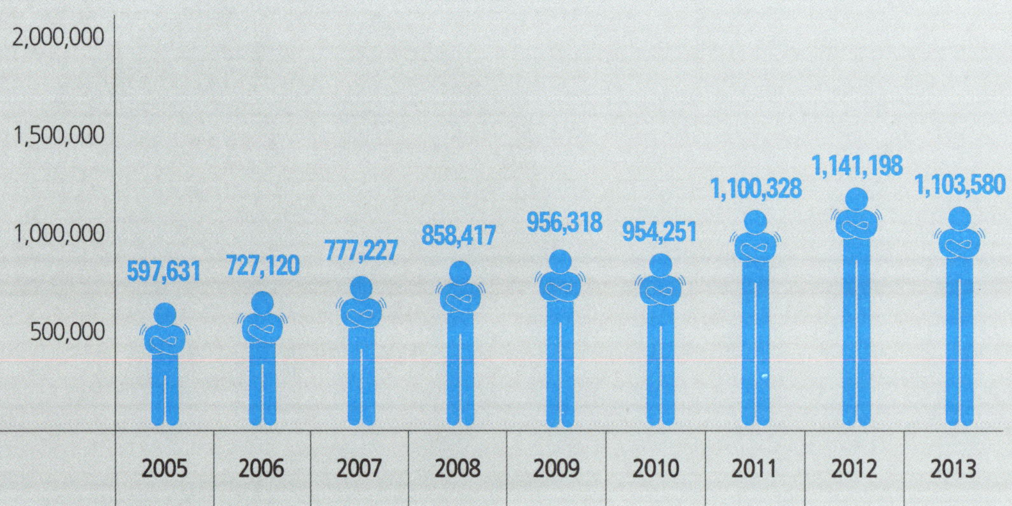

좋은병원들 진료환자 현황(1개월간)

2024년 10월 기준, 입원일수 : 31일, 외래일수 : 22.5일 / 단위 : 명

구분	좋은문화병원		좋은삼선병원		좋은강안병원		좋은삼정병원		좋은선린병원	
	재원	외래	재원	외래	재원	외래	재원	외래	재원	외래
1일 평균	254	1,614	380	1,451	514	1,810	280	959	187	463
의사 1인당 평균	3.2	20.2	5.4	20.7	5.8	20.6	8.0	27.4	7.5	18.5

일일평균 재원환자수
일정한 기간동안 하루 평균 재원하고 있었던 환자수. 재원환자 연인원수에 일정기간의 총 날수로 나눈 수이다.

좋은병원들 병상 가동율(1개월간)

2024년 10월 기준, 입원일수 : 31일, 외래일수 : 22.5일

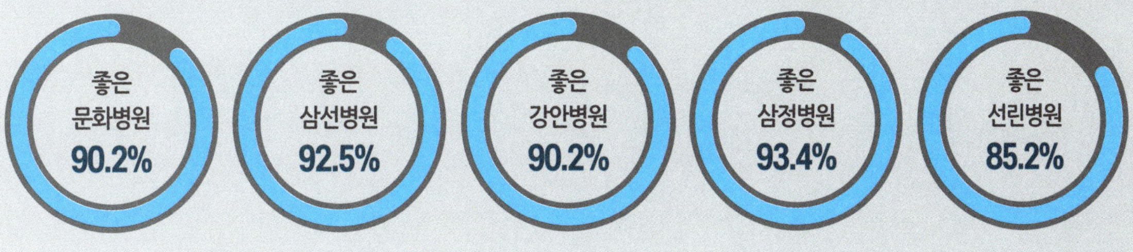

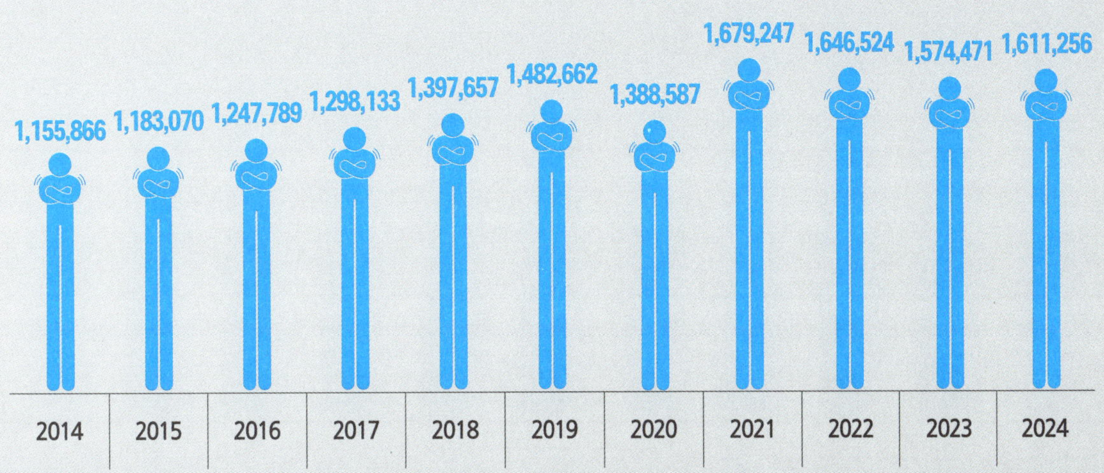

좋은병원들 연간 수술

2005년 ~ 2024년 / 단위 : 례

연도	좋은문화병원	좋은삼선병원	좋은강안병원	좋은삼정병원	좋은선린병원	합계
2005	4,370	2,327	2,119			8,816
2006	5,283	3,544	3,040			11,867
2007	6,164	4,022	3,517			13,703
2008	5,753	3,735	4,026			13,514
2009	5,621	4,178	4,192			13,991
2010	5,583	3,835	4,234			13,652
2011	5,668	4,222	3,914	1,993		15,797
2012	5,019	3,732	3,767	2,246		14,764
2013	4,560	3,451	3,704	2,542		14,257
2014	5,034	3,403	4,445	3,917		16,799
2015	5,355	3,775	4,308	4,372		17,810
2016	5,989	3,606	4,096	3,850		17,541
2017	5,161	3,627	4,399	2,859	1,596	17,642
2018	5,415	3,528	5,224	3,843	1,421	19,431
2019	6,841	3,533	5,939	4,049	1,122	21,484
2020	8,683	3,748	5,683	4,477	868	23,459
2021	10,004	4,584	5,634	4,516	1,043	25,781
2022	10,313	4,698	5,888	4,622	2,840	28,361
2023	10,740	4,903	6,080	4,742	2,821	29,286
2024	12,113	5,503	7,905	4,771	2,976	33,268

연간 수술현황

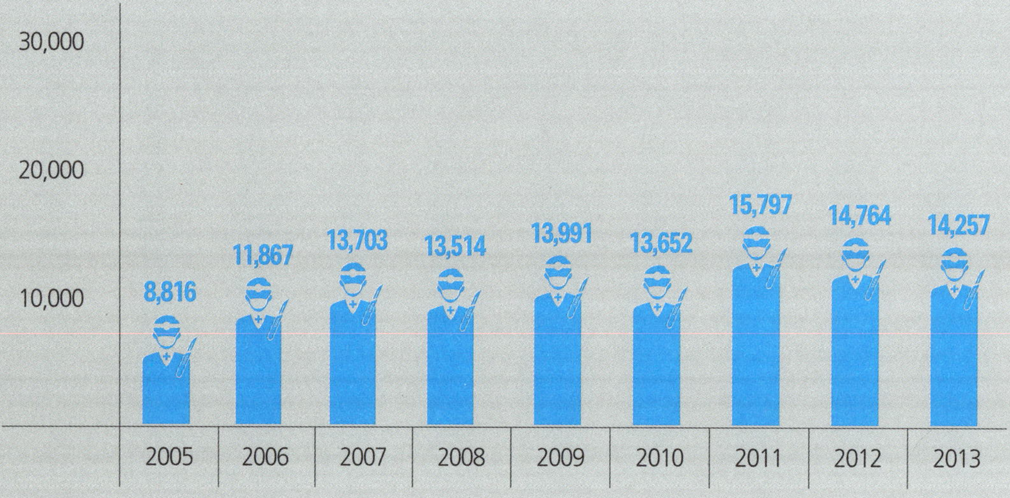

좋은병원들 응급실 방문 환자

2005년 ~ 2024년 / 단위 : 명

연도	좋은문화병원	좋은삼선병원	좋은강안병원	좋은삼정병원	좋은선린병원	합계
2005	10,406	26,529	14,265			51,200
2006	10,289	29,407	21,059			60,755
2007	11,314	32,472	24,509			68,295
2008	14,566	31,942	29,148			75,656
2009	18,909	34,812	36,538			90,259
2010	19,721	32,918	32,472			85,111
2011	20,110	32,331	28,959	19,269		100,669
2012	21,353	35,117	31,428	22,165		110,063
2013	19,388	33,362	29,868	20,875		103,493
2014	21,691	34,498	30,766	23,126		110,081
2015	22,511	32,214	30,241	23,350		108,316
2016	22,200	30,377	29,552	23,352	2,167	107,648
2017	15,077	29,690	26,499	21,351	11,629	104,246
2018	15,630	27,056	27,572	19,694	12,766	102,718
2019	16,974	24,407	27,133	19,029	10,995	98,538
2020	11,465	18,435	21,032	15,215	8,262	74,409
2021	13,424	17,152	21,596	15,935	9,776	77,883
2022	12,747	16,833	21,359	17,037	11,000	78,976
2023	11,350	18,642	24,139	17,258	10,731	82,120
2024	9,564	18,363	24,552	15,846	9,686	78,011

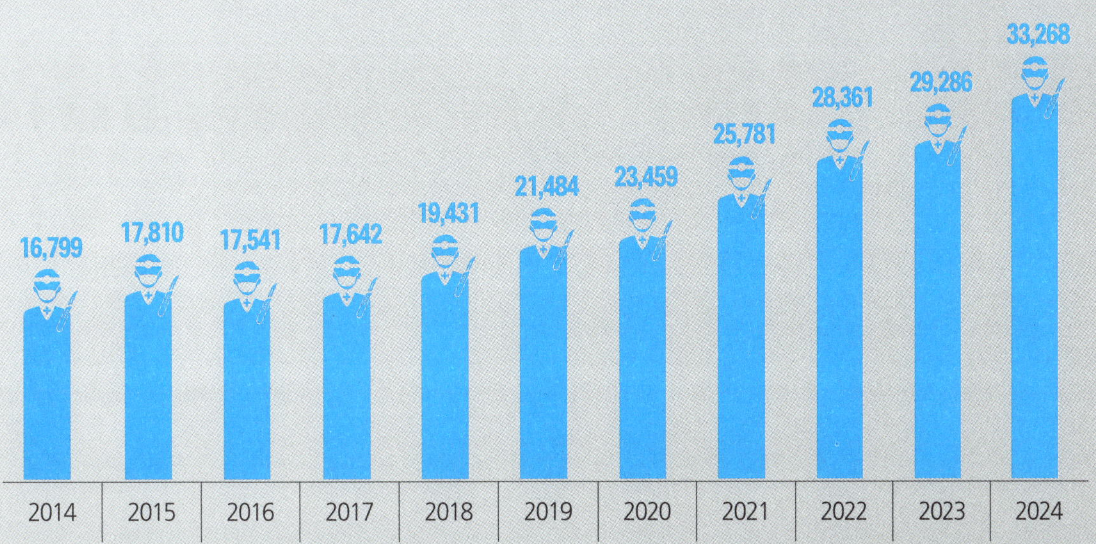

기록하다

시간과 헌신이 만든 흔적

병원의 역사는 수많은 헌신과 노력의 기록이다.
환자 수, 치료 성과, 병상의 변화까지
모든 수치는 병원이 걸어온 길을 비춘다.
병원의 성장과 발전은 단순한 숫자가 아니라
의료진의 노력과 환자의 신뢰가 만든 결과이다.
시간의 흐름 속에서
병원이 쌓아온 가치를 살펴보는 일은 중요하다.

각 병원이
쌓아온 시간은
200년 역사로
축적되었다

은성의료재단은 2025년 현재 총 12개의 좋은병원들로 이루어져 있다. 각 병원 사이의 시간차에도 불구하고 이들의 역사를 모두 합치면 200년에 달한다. 각 병원이 쌓아올린 시간은, 각 병원만의 독자적인 역량만이 누적된 결과는 아니다. 예를 들면, 구정회정형외과와 문화숙산부인과에서 출발한 좋은병원들은 기본적으로 협력과 상호 의존의 관계 속에서 유지되고 성장해왔음을 보여준다. 그러니까, 좋은병원들의 출발에는 고객들을 위한 '연결망'을 필수적으로 마련하고 있었다고 할 수 있다. 삶 전체를 아우르는 의료적 행위가 병원의 네트워크를 통해 치료와 관리로 연결되는 구조를 만든 것은, 환자들을 더욱 전문적이고 집중적으로 돌보기 위함이다.

좋은문화·삼선·강안병원 등 급성기병원들이 '센터'를 중심으로 긴급한 수술과 치료를 가장 치열하게 할 수 있도록 하고, 좋은요양병원들에선 각 지역에서 '회복'할 수 있도록 전문적인 시스템을 갖추고 있다. 각 병원의 센터는 변화한 환경에서 발생하는 신체 내외부의 고통을 해소하는 데 최적화되어 있는데, 현대적 질병들이 대체로 복합적인 성격을 지니고 있어, 각 병원의 센터를 중심으로 최적화된 치료 네트워크를 이루고 있는 것이다. 환자들에게도 각 병원의 센터는 여러 진료과의 전문의가 협력하는 의료시스템을 통해, 긍정적인 결과를 만들어내는 데 효과적이다. 말하자면, 센터를 중심으로 한 전문적인 의료시스템을 운영하고 있다는 점은, 시간을 다투는 환자나 긴급한 환자 모두에게 필수불가결한 시스템이라고 할 수 있다.

좋은문화·삼선·강안 등 급성기병원들이 구축한 센터의 전문성은 국내외에 두루 알려져 있다. 국내 민간의료기관 가운데 좋은병원들 정도의 규모를 갖추고 있는 병원은 찾기 어렵다. 대학병원을 제외하면, 필수의료를 기반으로 주요 질환을 치료할 수 있는 조건을 갖춘 데다, 레지던트 교육 자격까지 갖추고 있기 때문이다. 여기에 지역의 특성을 감안하면, 고령의 인구에 대한 대비가 잘 이루어져 있어, 좋은병원들의 치료 역량은 지역을 지탱하는 중요한 기반과 맞닿아 있다. 이런 역량을 마련한 민간의료기관이 꾸준히 지역주민에서부터 국내외 고객들까지 신뢰를 유지하고 있는 사례가 드물다는 것이다. 대학병원에 입원하는 게 '하늘에 별 따기'라는 이야기가 들릴 때도 좋은병원들이 굳건했음을 떠올리는 것만으로도 충분할 터이다.

은성의료재단의 산하 12개 좋은병원들은 다음과 같다.

좋은문화병원, 좋은삼선병원, 좋은강안병원, 좋은삼정병원, 좋은선린병원, 좋은애인요양병원, 좋은연인요양병원, 좋은리버뷰요양병원, 좋은부산요양병원, 좋은주례요양병원, 좋은선린요양병원, 좋은사랑요양병원이다.

부산의 동구, 사상구, 수영구를 비롯해 동래구, 북구, 사하구 그리고 밀양, 울산, 포항 지역에 두루 걸쳐 있어 명실상부 '부울경'의 대표적인 민간의료 기관을 구축하고 있다. 각 좋은병원들은 지역에 밀착해 지역과 더불어 살아가는 데에도 최선을 다하고 있는 중이다. 부울경 지역을 지나다가 좋은병원들을 마주쳤을 때, 따스함이 느껴지길 바라는 마음이 지역민에게 전해질 수 있도록, 좋은병원들은 앞으로도 계속 나아갈 것이다.

기록으로 남긴 시간

좋은병원들 연보

구정회정형외과·문화숙산부인과 개원

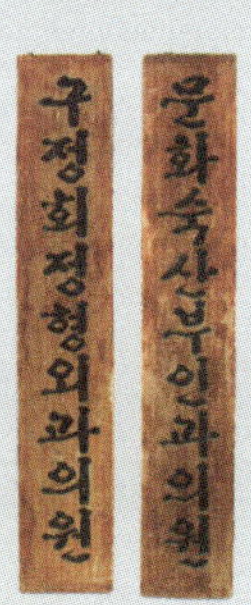

문화병원 개원(07.07)

좋은문화병원은
47년 이상의 역사 속에서
여성 건강의 선두주자로
자리 잡았다.

의료법인 **은성의료재단** 설립

1978 — 1986 — **1987** — 1991 — 1992 — 1993

문화병원 개칭(11.01)

문화병원
부인과내시경수술센터 개소
삼선병원 착공

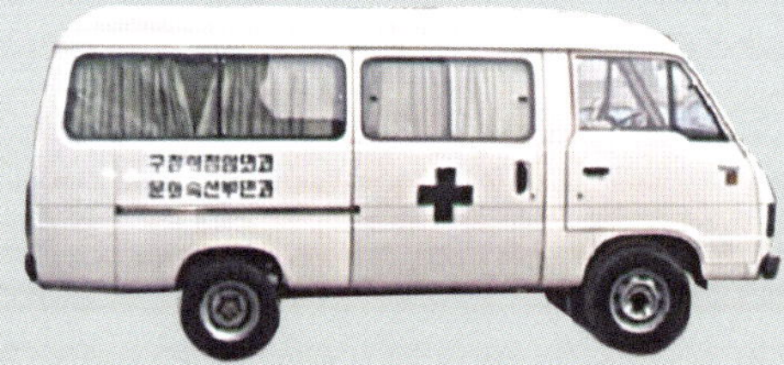

문화병원 체외수정실, 불임연구실 개소

19782025

문화병원
별관동 준공
삼선병원 개원(05.20)
MRI 가동 기념식
인턴 수련 병원 지정

삼선병원
안과 개설
의사연수교육 실시
종합건강진단센터 개소

삼선병원
재활의학과 개설
수술 10,000례 기념식

문화병원
치과 개설
종합병원 승격
미숙아집중치료센터 개소
종합건강진단센터·여성건강증진센터 개소
삼선병원
무료 개안수술 실시
전직원 친절서비스 교육
(삼성에버랜드 서비스 아카데미)
신노사문화 우수기업 선정
수술 20,000례 기념식

1995 **1996** **1997** **1998** **1999** **2000**

문화병원
해부병리과 개설
인턴 수련 병원 지정
삼선병원
인공신장실 확장
신경정신과 개설

문화병원
신관동 준공
신경정신과, 성형외과, 비뇨기과 개설
불임의학연구소 개소
신관 신축
산후병동 개소
레지던트 수련 병원 지정
삼선병원
13병동 및 병동 물리치료실 개소

문화병원
가족분만실 개소
삼선병원
가족분만실 개소
친절가이드북 '행복과 성공' 출간

좋은삼선병원
구정회 병원장, 부산범죄 피해자 지원센터 햇살
이사장으로 선임
남녀고용평등 우수기업상 수상
통증센터 개소
좋은강안병원 개원(04.16)
재활의학과 개설
심장센터 개소
PET-CT 도입
신경정신과 개설
380병상 증설

삼선병원
통합의료 영상정보시스템(FULL FACS) 가동 및 시연회
가정간호제도 도입
제9내과, 제6정형외과, 제3마취통증의학과 증과
제7회 한터배직장인축구대회 우승(3회 우승)
수술 30,000례 기념식
좋은강안병원 착공
삼선한방병원 신축 이전, 어르신병동 개설

2002 — **2003** — **2004** — **2005** — **2006**

2001

좋은문화병원 유방센터 개소
좋은삼선병원
심혈관센터 개소
군전공의 수련기관으로 지정
좋은강안병원 402병상 증설
좋은삼정병원 개원(03.31/울산)
좋은애인요양병원 개원(11.22)

병원 정체성 구축 및
'좋은병원들'로 개칭

문화병원
이비인후과 개설
신관 1차 증축
삼선병원
장례식장 개소
신관 증축 완공, 응급실 및
부대시설 확장 이전
의무기록실 광화일 system 도입
비뇨기과 개설
392병상 증설

좋은문화병원
신관 2차 증축
대장항문센터 개소
소아재활치료실 개소
미용성형재건센터 개소
좋은삼선병원
장애인과 함께하는 경주 나들이
(사상구·남구 장애인 80여명)
세계자원봉사자의날 기념 봉사상 수상

2007

은성의료재단 좋은병원들
구정회 이사장, 부산광역시의사회 의학대상 사회봉사상 수상

좋은문화병원
소아청소년 성장발달센터 개소
별관증축 기공식
좋은강안병원 보건복지부 우수의료기관 선정
좋은삼정병원 소아청소년과 개설

2008

은성의료재단 좋은병원들
좋은병원들, 대한민국 윤리경영대상 수상
구정회 이사장, 문화관광부 장관상 수상
구정회 이사장, 유비쿼터스 부산포럼 회장 취임
태안반도 무료 의료 활동
중국 쓰촨성 지진 이재민 돕기 의연금 전달

좋은문화병원
개원 30주년
소화기내시경센터 개소, 좋은문화산후조리원 개소
좋은삼선병원 롯데자이언츠 구단과 지정병원 협약 체결
좋은강안병원 희망관 증축(소아청소년과, 건강관리과)
좋은삼정병원 인공신장실 개소

2009

은성의료재단 좋은병원들
구정회 이사장, 제6회 자랑스러운 부산대인 선정
중국 강소성 여동현 손님 방문 및 자매결연 체결

좋은문화병원 외국인환자 유치의료기관 선정
좋은삼선병원 별관 증축
좋은강안병원
중추신경계 전문재활 치료실 개소
외국인환자 유치의료기관 선정

2010

은성의료재단 좋은병원들
(사)부산범죄피해자지원센터 햇살과 의료지원 협약 체결
일본 의료법인재단 지우회(池友會)와 의료협약 체결

좋은문화병원
일본 MFNamba Clinic 의료협약 체결
문화숙 병원장, 제18회 부산광역시 산업평화상 수상
좋은삼선병원 심혈관센터 확장 개소
좋은강안병원
류마티스내과 개설
척추 측만증센터, 유방·갑상선센터 개소
MDCT도입
좋은삼정병원 장례식장 개소
좋은연인요양병원 개원(10.15/밀양)

2011

은성의료재단 좋은병원들
영국 민간보험사(BUPA)와 협약 체결
SK 텔레콤 - SK 브로드밴드 Smart-Hospital 구축 협약 체결
동강메디칼 시스템㈜과 디지털 영상 장비 연구 MOU 체결
좋은병원 스마트 건강수첩 앱 제작

좋은문화병원
세브란스병원과 의료협약 체결
부산동부경찰서와 MOU 체결
좋은삼선병원
MDCT 도입
응급의료센터 개소, 지역응급의료센터 지정
롯데자이언츠 후원, 부산광역시장 공로패 수상
좋은강안병원 발달의학센터 개소

2012

은성의료재단 좋은병원들
부산시 야구협회 소속 5개 고등학교와 의료협약 체결
거제시 야구연합회, 외포중학교와 의료협약 체결
구정회 이사장, 제 46회 납세자의 날 모범 납세자 표창 수상
한국소방안전협회 부산지부와 의료협약 체결
부산지방세무사회와 의료협약 체결

좋은문화병원
분만 100,000명 탄생 기념식
문화숙 병원장, 보건복지부 2011년 국가예방접종사업평가 표창 수상
식약청 의료기기임상시험 실시기관 지정
불임센터, 중국 3개 병원과 협약 및 불임관련 세미나 개최
적십자사 감사패 수상
좋은삼선병원
소아재활치료실 개소

2015

은성의료재단 좋은병원들
부산 남부경찰서와 다문화가정 의료지원 협약 체결
한마음 체육대회 개최
나라동일의료재단과 의료협약 체결
MOD 도입

좋은문화병원
비뇨기과, 신경과 개설
MBC 어린이에게 새생명을후원금 전달
체외수정용 난자/배아 작업장비 도입
미세조작술을 위한 무진동 장치 도입
좋은삼선병원
개원 20주년
부산시 메르스 확산방지 공로표창 수상
좋은강안병원
개원 10주년
부산시 메르스 확산방지 공로표창 수상
자랑스러운 수영구민상 수상

2013

은성의료재단 좋은병원들
호남향우회와 의료협약 체결
한국해양대학교와 지정병원협약 체결

좋은문화병원
IVF불임센터 증축 개소
산후조리원 증축 개소
젠틀버스 교육, 분만 도입
인도네시아 발리로얄병원과 의료협약 체결
문화숙 병원장, 남녀고용평등실현 국무총리 표창 수상
중국 장춘시 모자보건소와 의료협약 체결
좋은삼선병원
스포츠운동치료센터 개소
부산광역시장 공로패 수상
좋은강안병원
저소득층 의료비 지원금 후원(반여종합사회복지관)
좋은애인요양병원
부산지역 요양병원 최초 보건복지부 의료기관 인증 획득
좋은리버뷰요양병원 개원(05.10)

2014

은성의료재단 좋은병원들
부산지역 어린이집들과 의료협약 체결
구정회 이사장,
부산대학교 의료경영최고관리자과정 의료경영 대상 수상
유니세프 기부금 전달

좋은문화병원
한국전력기술인협회 부산광역시지회와 의료협약 체결
대한주택관리사협회와 의료협약 체결
(사)한국노인장기요양기관협회와 의료협약 체결
예교원 개소, 한국백혈병소아암협회 헌혈증 1,000매 기증
좋은삼선병원 심혈관센터, 혈관시술센터 확장 개소
좋은강안병원 관절·척추센터 개소
좋은부산요양병원 개원(01.01)
좋은주례요양병원 개원(05.01)

은성의료재단 좋은병원들
한마음 체육대회 개최

좋은문화병원
산업재해 치료 우수 종합병원으로 선정
중환자실 개소
(사)부산여성NGO 연합회 협약 체결
인재육성중소기업 선정
좋은삼선병원 부산시 장애인 취업지원 감사패 수상
좋은선린병원
인공신장센터 확장
대구·경북 최초 Tomotherapy 도입

은성의료재단 좋은병원들
구정회 이사장, 종근당 존경받는 병원인상 CEO 수상

좋은문화병원
루닛 AI 의료영상 판독지원 공동연구 MOU 체결
297 병상 증설
부산시 고용우수기업 선정 수상
동물사랑 천사기업 선정
좋은삼선병원
인공신장센터 센터 확장
좋은강안병원
건강관리과, 건강증진센터로 확장
건강증진센터, 특수건강검진기관으로 지정
좋은선린요양병원
경북 유일 산재보험 재활인증 의료기관 지정
대구 경북 최초 재활로봇(워크봇) 도입

2016　**2017**　**2018**

2019

은성의료재단 좋은병원들
구정회 이사장, 한국범죄피해자 인권지원 관련 대통령 표창 수상
제 10회 산타원정대 캠페인 3,000만원 후원

좋은문화병원
신장내과 개설 및 인공신장센터 개소
정부지정 지역거점 신생아집중치료센터 지정
직장어린이집 개소
난임시술 의료기관 지정
대한산부인과학회 2016 좋은문화상 시상
좋은삼선병원
부산시체육회와 체육 꿈나무 선수 후원병원 협약 체결
국가 기후변화대응 건강분야 보건복지부 장관상 수상
부산광역시 지역거점 공공의료협력병원 지정
좋은강안병원
특수운동치료센터 개소
직장어린이집 개소
인공신장센터 확장
메르스 대응유공자 국무총리표창 수상
좋은선린병원/좋은선린요양병원 개원(06.02/포항)

은성의료재단 좋은병원들
임직원 일동, 사랑의 열매 나눔캠페인 성금 1,000만원 전달
2차 종합병원 최초 도입, 인공지능(AI) 영상분석 시스템 루닛 도입
종합격투기 팀매드와 지정병원 협약 체결
구자성 부원장,
제1회 일동의료법인사회공헌상 의료부문 공로상 수상

좋은문화병원
노사문화 유공 대통령 표창 수상
초록우산어린이재단에 마더박스 후원금 1,000만원 전달
좋은강안병원
뇌혈관센터(신경외과) 진료 개소
간담췌간이식외과 개설
좋은부산요양병원 통합암치료센터 개소

은성의료재단 좋은병원들
다문화 가정을 위한 GOOD START 사업 발대식 및 후원금 1억원 전달
초록우산 산타원정대 후원금 1,000만원 전달
대한적십자사 독거노인 도시락 제작비 5,000만원 기부
좋은문화병원 환자, 은성의료재단 발전 기금 1,000만원 전달

좋은문화병원
중환자실 확장 개소
난임연구소 자문위원 위촉
좋은삼선병원
신부전환자 치료 투석혈관클리닉 개소
인공신장센터 확장 이전
로봇인공관절센터 개소
좋은강안병원
신관 내시경센터 및 인공신장센터 개소
유방센터 개소
좋은애인요양병원
3주기 보건복지부 요양병원 인증의료기관 지정
좋은부산요양병원
3주기 보건복지부 요양병원 인증의료기관 지정

2020   2021   2022

은성의료재단 좋은병원들
고신대학교 복음병원 MOU 체결
적십자 고액기부자클럽 가입
GOOD START 다문화가정 지원사업 후원금 1억원 전달
경희대학교병원 정형외과 1억원 기부
아동복지 공로 부산시장 감사패 수상
구자성 부원장, '부산시민 건강대상' 부산시장 표창

좋은문화병원
코로나19 대응 유공 표창 수상
난임센터, 난임 치료 기술 우수기업 선정
좋은삼선병원
중환자실(ICU) 및 수술실 확장 개소
코로나19 대응 유공 표창 수상
좋은강안병원
갑상선암의 방사성요오드 입원치료 개시
좋은리버뷰요양병원
3주기 보건복지부 요양병원 인증의료기관 지정

은성의료재단 좋은병원들
구정회 이사장, 아너 소사이어티 등재/초록우산 어린이재단 그린노블 위촉
코로나 성금 5,000만원 기탁
국민안심병원 지정
구자성 부이사장 취임
메디블록 의료정보 플랫폼 MOU 체결

좋은삼선병원 건강증진센터 확장 이전
좋은강안병원
암센터 개소
부산의료관광 선도의료기관 선정
암센터 고압산소치료기, 고주파온열암치료기 도입
좋은선린요양병원
산재보험의료기관평가 우수기관 선정

은성의료재단 좋은병원들
4세대 다빈치 로봇수술 시스템 도입
다문화가정을 위한 GOOD START 장학금 수여식
사랑의 열매 호우피해 성금 1억원을 기탁
다문화가정 사회사업 'GOOD START' 후원금 1억 전달
에이아이트릭스와 MOU 체결
좋은병원들과 함께하는 연탄나눔행사
구자성 부원장, 초록우산 어린이재단 사회공헌작품상 수상

좋은문화병원
별관 영상의학과 MRI,CT실 개소
부인과 내시경 수술 36,000례 돌파
문화숙 병원장, 미국 부인과내시경학회(AAGL) 국제학술대회 평가위원 위촉
좋은삼선병원 만성폐쇄성폐질환(COPD) 적정성평가 6년 연속 1등급
좋은강안병원
안과센터 개소
수면다원검사실 개소
외국인이 많이 찾는 한국의 의료기관 선정
우수내시경실 인증 2회 연속 획득
좋은애인요양병원 신축 이전
좋은리버뷰요양병원 개원 10주년

은성의료재단 좋은병원들
일본 미에심장센터와 업무협약(MOU) 체결
다문화가정 청소년을 위한 제 1회 GOOD LEADER 사업 발대식

좋은삼선병원
개원 30주년
좋은강안병원
개원 20주년
보건복지부 첨단재생의료실시기관 지정
갑상선두경부센터 개소
좋은선린병원
소아청소년과 개설
좋은선린요양병원
3주기 보건복지부 요양병원 인증의료기관 지정
좋은사랑요양병원 개원(06.01)

2023   **2024**   **2025**

은성의료재단 좋은병원들
구자성 신임 이사장 취임
4주기 보건복지부 종합병원 인증의료기관 지정
(좋은문화병원, 좋은삼선병원, 좋은강안병원, 좋은삼정병원)
필리핀 메디컬클리닉그룹과 MOU 체결
은성의료재단 우수직원 해외연수(2017~)
장학금 수여식(1996~)
부산대학교 의학연구원 '우수연구자 시상'(2022~)
2024년도 부산국제의료관광컨벤션 참가
구정회 이사장, 일동의료법인 사회공헌상 봉사대상 수상
구글, DK메디컬시스템과 디지털 혁신을 위한 MOU 체결
美 뉴스위크 세계 최고의 병원 선정(2021~)

좋은문화병원
부인암센터 개소
맘모톰 30,000례 달성 기념식
2024년도 부산국제어린이청소년영화제 협약 체결

좋은삼선병원
척추센터, 뇌혈관센터 확장 개소
심혈관센터, 심혈관 중재시술 인증기관 선정
좋은강안병원
인터벤션센터 중재시술 10,000례 돌파
다빈치 로봇수술기 도입
유방센터 유방암수술 1,000례 돌파
척추센터 척추유합술 1,000례 돌파
갑상선암 방사성동위원소 치료 500례 돌파
암센터 체표면 유도 방사선치료시스템 도입
몽골의료기관과 원격진료센터 개소
좋은선린병원 고압산소치료기 도입
좋은연인요양병원
3주기 보건복지부 요양병원 인증의료기관 지정
좋은부산요양병원 개원 10주년

이어지다

환자와 의료진을 연결하는 조화

병원은

수많은 요소가 유기적으로

연결된 공간이다.

의료진의 협력, 환자를 위한 환경,

시설의 조화가 하나로 어우러진다.

이 모든 연결은 환자의 치유를 돕고,

신뢰를 쌓아가는 바탕이 된다.

조화 속에서 병원은

단순한 치료 공간을 넘어선다.

좋은병원들은
이어져 관계하고 있다

병원은 수많은 요소가 하나로 연결된 공간이다. 의료진의 협력, 환자를 위한 세심한 환경, 그리고 병원 시설의 조화는 환자를 중심으로 완성된다. 이 연결이 없다면, 진정한 치유도 어렵다. 이러한 조화 속에서 병원은 단순한 치료 공간을 넘어선다. 공간적 연결망의 구성은 무엇보다 환자들을 사회적으로 되돌려 주는 과정에 있다. 이 과정에서 의료진의 역할은 매우 중요하다. **의료진의 눈빛이나 태도가 환자들의 '의지'에 영향을 끼치기 때문이다.** 병원에서의 첫 만남이 가지는 중요성은 두말할 필요도 없다. 회복의 과정에서도 의료진의 자세와 태도는 환자의 회복에 밀접한 연관성을 지닐 수밖에 없다.

예를 들어, 여러 사정으로 병문안이 어려운 상황에서는 환자들이 마주하는 유일한 존재가 의료진이며, 그들의 태도와 자세는 환자의 심리 상태에 큰 영향을 줄 수밖에 없다. 물론 이런 사정 때문에 의료진이 가져야 하는 '부담감'이 있는 것은 사실이지만, 병원이 상호적 연결을 피할 수 없는 조건이라면, 이 연결을 잘 이루어내는 것이 무엇보다 중요하다. 의사는 물론이거니와 간호사에서부터 접수대에 이르기까지 전 영역에서의 상호적 관계가 잘 이루어져야 하는 셈이다. 환자의 치료 의지와 회복 의지를 갖도록 하는 것은 다른 데 있는 것이 아니라 사소한 접촉과 일상의 친절에 있다고 해도 과언이 아니다.

하지만 의료진도 사람인 이상, 환자의 '의지'를 완벽하게 독려하는 자세와 태도를 항상 유지할 수는 없다. 오히려 매번 이를 의무적으로 채우려 애쓰지 않아도, 자연스럽게 가능하게 만드는 것은 병원이라는 '건물', 즉 물리적 공간일 수 있다. 병원마다 그림을 걸거나 화사한 분위기를 연출하는 것도 다 이런 이유에서 비롯된다고 할 것이다. 바닥면의 색이나 조도, 벽지, 소파, 대기좌석 등등에 대한 섬세한 관심을 쏟는 건 우연이 아닌 것이다. 가령, 지나치게 밝지도 어둡다고도 느끼지 않는 어떤 절묘한 조도는 아픈 사람에게는 자신을 유지하고 지키게 하는 방어막이 되기도 한다.

좋은병원들 중 좋은문화·삼선·강안병원은 설립 이후 성장 과정에서 본관, 신관을 비롯한 여러 건물과 거기에 배치된 센터들이 다양한 방식으로 연결되는 구조를 갖추고 있다. 모두 연결되어 있으면서, 각각의 공간의 독립성을 보장하는 방식을 취하고 있는 것이다. 작은 규모의 병원들이 모여 하나의 병원 체계를 이뤄온 과정으로 볼 수도 있다. 그러나 규모가 커지는 과정에서도 각 병원이 '따스함'을 잃지 않고 있다는 점이 중요하다. 환자의 입장에서는 병원을 가지 않는 것이 최선이지만, 도리없이 '입원'을 해야 할 경우에 의지를 떨어뜨리는 공간 내에서 머무르는 것은 최악이 아닐 수 없다. 공간은 사람을 살리는 기초이기도 하다.

프랑스의 공간 철학자인 앙리 르페브르가 사람이 공간을 만든다기보다 공간이 사람을 만든다고 한 이유도 여기에 있다. 그의 용어대로라면 '공간이 사람을 생산한다'고까지 말한 바 있다. 그만큼 공간이 주는 분위기는 몸과 마음을 조율하는 기초이자 연결 자체를 가능케 하는 원리라는 것을 의미한다. 단절된 공간이 아니라, 연결되고 이어지는 공간적 특징을 병원에 그대로 녹인 좋은병원들의 방식은 그래서 역사적이되 환자와 고객을 잘 품을 수 있는 신체적인 것처럼 여겨진다. 지나치게 세련된 병원공간은 오히려 적절치 않은지 모른다.

원일신경외과

들어오고 나가는 공간의 다양성은 병원을 찾는 환자와 고객의 다양함을 보여준다. 나이가 많거나 적거나, 집이 가깝거나 멀거나, 걷거나 자가용을 이용하는 등 다양한 이동 방식에 대응할 수 있는 연결망은, 좋은병원들의 역사적 공간성이 마련해 놓은 것이다. 그래서 여전히 많은 환자와 고객들이 좋은병원을 찾는 것인지도 모른다. 공간의 연결 방식은 의료진과 환자, 고객을 따뜻하고 부드럽게 이어주며, 상호적인 의지와 책임감을 북돋운다고 할 수 있다. 지나치며 서로 눈인사가 가능한 정도의 거리를 유지하는 좋은병원의 공간성 덕분에 의료진과 환자 사이의 관계가 잘 조율되어 온 것인지도 모른다.

협력의 가치

**의료 네트워크로,
보살핌의 연결망으로 만드는
좋은병원들**

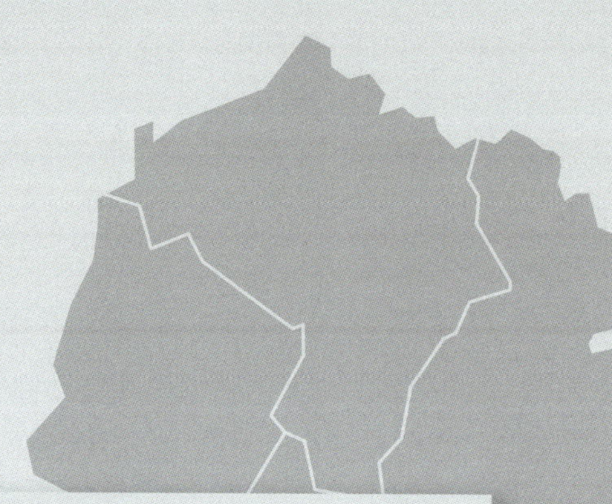

	병원명	설립년도	소재지	직원수
❶	좋은문화병원	1978	부산시 동구 범일로 119	834
❷	좋은삼선병원	1995	부산시 사상구 가야대로 326	994
❸	좋은강안병원	2005	부산시 수영구 수영로 493	1,234
❹	좋은삼정병원	2006	울산시 남구 북부순환도로 51	592
❺	좋은애인요양병원	2006	부산시 동래구 충렬대로359번길 8	228
❻	좋은연인요양병원	2010	경상남도 밀양시 삼랑진읍 천태로 355-99	45
❼	좋은리버뷰요양병원	2013	부산시 북구 금곡대로 586	170
❽	좋은부산요양병원	2014	부산시 사상구 학감대로 39번길 67	176
❾	좋은주례요양병원	2014	부산시 사상구 가야대로 264	99
❿	좋은선린병원	2016	경상북도 포항시 북구 대신로 43	443
⓫	좋은선린요양병원	2016	경상북도 포항시 북구 대신로 27	204
⓬	좋은사랑요양병원	2025	부산시 사하구 낙동대로 305	87

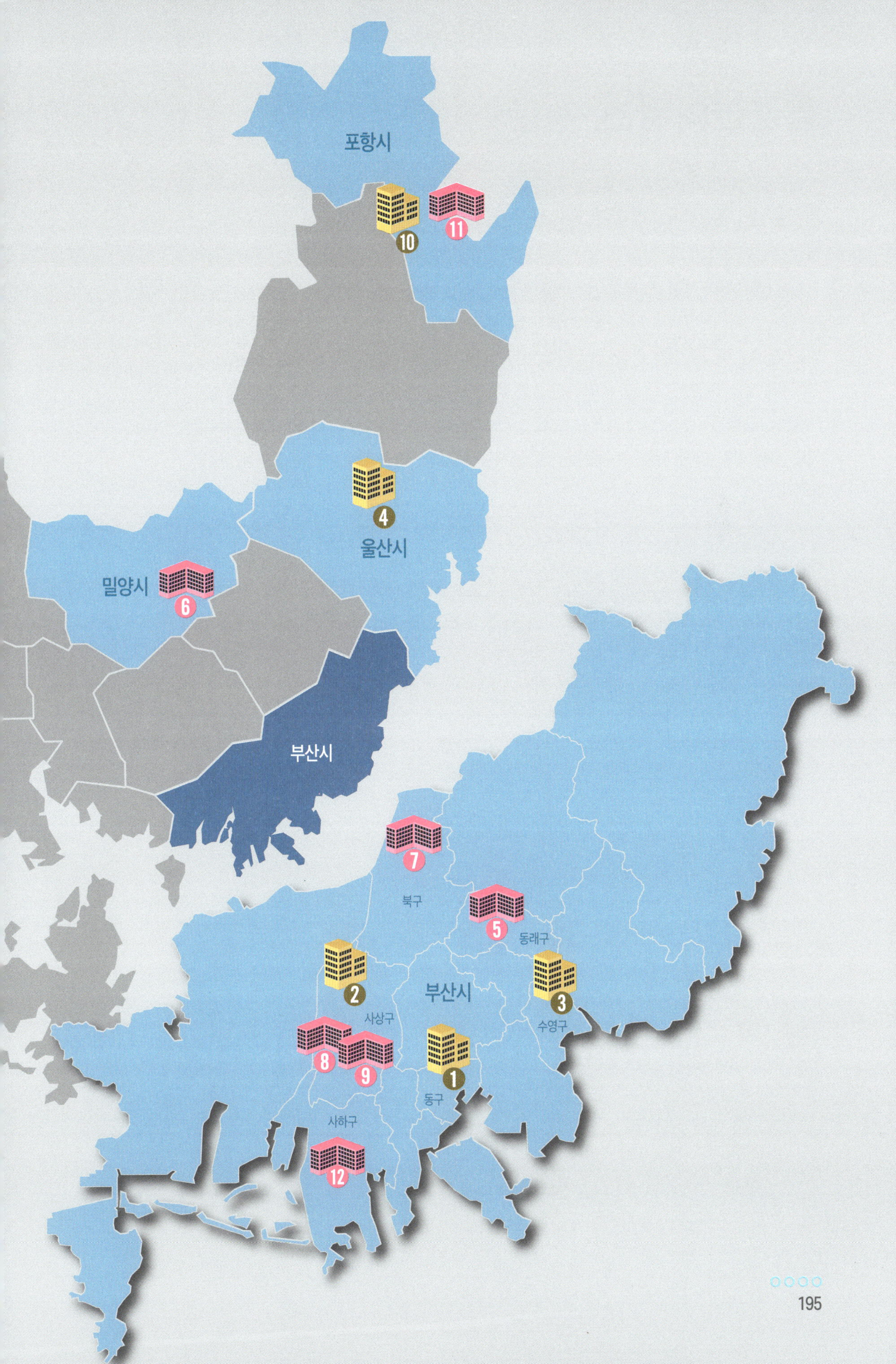

포항시
10
11
울산시
4
밀양시
6
부산시
북구
7
동래구
5
부산시
사상구
2
수영구
3
8
9
1
사하구
동구
12

좋은문화병원

지역의료의 전통과 현대를 아우르는 종합병원
지역을 넘어, 글로벌하고 스마트한 의료시스템을 선도

1978년 개원 이래 풍부한 경험과 역사를 바탕으로 앞선 의학을 실천하는 종합병원으로 지역의 선두주자로 자리 잡았다. 부인과내시경수술센터, 자연주의출산센터, 신생아집중치료센터, 난임센터, 유방암센터, 갑상선암센터, 부인과암센터, 척추센터, 건강증진센터 등 환자중심의 맞춤치료와 의료서비스를 제공하고 있다. 특히 암의 조기진단 및 수술, 치료까지 원스탑 진료 시스템을 제공하고 있으며, 로봇 내시경 수술 시스템, AI 기술을 접목한 진단 프로세스 등 스마트 병원으로 나아가고 있다. 온 가족의 주치의로서 우수한 의료 성과와 환자 신뢰를 바탕으로 시민들의 건강을 책임지며 생명 사랑을 매일 실현하는 믿음을 주는 병원이다.

- 보건복지부 4주기 인증의료기관
- 보건복지부 지정 지역모자의료센터(신생아집중치료센터)
- 보건복지부 지정 난임 시술(정자주입, 체외수정) 의료기관
- 국가예방접종 지정 의료기관
- 간호·간병 통합서비스 운영(5개 병동)

위치		부산시 동구 범일로 119
설립년도		1978년
진료과목		내분비내과, 소화기내과, 순환기내과, 호흡기내과, 신장내과, 유방외과, 갑상선외과, 외과(위장관/대장항문/간담췌), 정형외과, 신경외과, 성형외과, 산부인과(부인과내시경수술/자궁근종/산과/난임), 소아청소년과, 피부과, 이비인후과, 신경과, 가정의학과, 영상의학과, 마취통증의학과, 진단검사의학과, 병리과, 응급의학과
시설 현황	**대지면적**	본관·신관 2.127㎡ / 별관 1.201㎡
	연면적	본관 4.998㎡ / 신관 15.527㎡ / 별관 4.998㎡
	규모	본관 : 지하 2층 / 지상 11층 신관 : 지하 3층 / 지상 15층 별관 : 지하 2층 / 지상 9층
병상수		299
직원수(명)		834
홈페이지		https://www.moonhwa.or.kr

좋은삼선병원

지역사회와 함께하는 가장 좋은 종합병원
환자중심의 고객만족 서비스를 최우선으로 실현

세계적 수준의 정형외과를 비롯해, 뇌혈관, 순환기, 척추 질환 등의 치료에 첨단 의료 기술을 제공하는 병원이다. 모든 병동에서 간호·간병 통합 서비스를 운영하며 환자 중심의 치료 환경을 조성하고 있다. 스마트 병원의 선두주자로서 AI를 이용한 각종 진단 장비와 로봇인공관절 수술 시스템을 도입해 치료의 정밀도와 안전성을 강화했다. 뉴스위크가 선정한 세계 최고의 병원으로 4년 연속 이름을 올리며 국내외에서 우수성을 인정받고 있다. 심혈관 중재시술 인증기관으로서 심장 관련 치료에 탁월한 전문성을 보유하고 있다. 생명과 신뢰의 다리가 되는 이곳은, 환자들에게 내일의 희망을 전하며 의료의 새로운 기준을 만들어가고 있다.

- 보건복지부 4주기 인증의료기관
- 심혈관 중재시술 인증기관
- 롯데자이언츠 야구단 지정병원
- 국가예방접종 지정 의료기관
- 국민건강보험공단 간호간병통합서비스 패널병원
- 필수의료 간호사 양성지원사업 우수기관
- 장애인 건강검진센터
- 간호 · 간병 통합서비스 운영(9개 병동)

위치		부산시 사상구 가야대로 326
설립년도		1995년
진료과목		소화기내과, 순환기내과, 호흡기내과, 신장내과, 내분비내과, 감염내과, 외과, 정형외과, 신경외과, 산부인과, 소아청소년과, 신경과, 정신건강의학과, 이비인후과, 비뇨의학과, 재활의학과, 가정의학과, 치과, 영상의학과, 병리과, 진단검사의학과, 마취통증의학과, 직업환경의학과, 응급의학과
시설 현황	대지면적	본관 3,978㎡ / 신관 2,811㎡
	연면적	본관 1,982.23㎡ / 신관 1,347.54㎡
	규모	본관 : 지하 3층 / 지상 15층 신관 : 지하 3층 / 지상 7층
병상수		411
직원수(명)		994
홈페이지		https://www.samsun.or.kr

좋은삼선병원

좋은강안병원

미래지향적이고 환자중심의 신개념 의료서비스를 제공
디지털 종합병원으로 확고히 자리매김하는 병원

최첨단 의료 기술과 환자 중심의 접근 방식을 결합한 병원이다. 다빈치 로봇 수술 시스템과 AI진단 기술을 활용해 최소 침습 수술에서 두각을 나타내고 있다. 글로벌 의료 허브로 자리 잡아 국제 환자를 유치하며 협력적인 의료 네트워크에서 중요한 역할을 하고 있다. 지역 주민들에게 신뢰받는 병원으로, 암과 심혈관 질환 치료에서 우수한 평가를 받고 있다. 기술과 따뜻한 배려가 어우러진 이곳은 환자들의 건강한 내일을 위한 든든한 동반자가 되고 있다.

- 보건복지부 4주기 인증의료기관
- 국가예방접종 지정의료기관
- 부산광역시 외국인환자 선도의료기관
- 외국인이 많이 찾는 한국의 의료기관 (2회 연속 선정, 한국보건산업진흥원)
- 한·아세안 특별정상회의 공식지정병원
- 간호 · 간병 통합서비스 운영(12개 병동)
- 보건복지부 첨단재생의료실시기관

위치		본관 : 부산시 수영구 수영로 493 / 신관 : 부산시 수영구 수영로 480
설립년도		2005년
진료과목		소화기내과, 순환기내과, 호흡기내과, 신장내과, 내분비내과, 종양혈액내과, 외과(간담췌간이식외과 대장항문외과/갑상선내분비외과), 혈관외과, 유방외과, 정형외과, 신경외과, 심장혈관흉부외과, 신경과, 정신건강의학과, 산부인과, 소아청소년과, 안과, 이비인후과, 비뇨의학과, 재활의학과, 가정의학과, 치과, 방사선종양학과 , 핵의학과, 영상의학과, 마취통증의학과, 진단검사의학과, 병리과, 직업환경의학과, 응급의학과
시설 현황	대지면적	본관 4,513.87㎡ / 희망관 1,833.50㎡ / 별관 528.10㎡ / 신관 3,586.8㎡
	연면적	본관 24,938.39㎡ / 희망관 4,111.41㎡ 별관 1,389.18㎡ / 신관 19,927.98㎡
	규모	본관 : 지하 4층 / 지상 14층 • 별관 : 지하 1층 / 지상 5층 희망관 : 지하 1층 / 지상 5층 • 신관 : 지하 1층 / 지상 10층
병상수		570
직원수(명)		1,234
홈페이지		https://www.gang-an.or.kr

좋은강안병원
GOOD GANG-AN HOSPITAL
좋은강안병원
관절센터
척추센터
소화기
내시경센터

좋은삼정병원

울산광역시에 위치한 종합병원으로, 환자 중심의 의료 환경과 전문적인 치료를 제공하는 병원이다. 내과, 외과, 정형외과, 신경과, 신경외과 등 다양한 진료과를 운영하며, 심혈관센터, 척추 및 관절센터, 뇌신경센터를 통해 특화된 치료를 제공하고 있다. 최첨단 의료 장비를 도입하여 안전하고 정밀한 진료를 실현하며, 간호·간병 통합서비스를 운영하여 환자의 편의성을 높이고 있다. 지역 사회와의 소통을 중요하게 여기며, 건강 강좌와 의료 프로그램을 통해 주민들의 건강 증진에 기여하고 있다. 환자들에게 치유와 희망을 전하며, 지역과 함께 성장하는 신뢰받는 병원이다.

- 보건복지부 4주기 인증의료기관
- 국가예방접종 지정의료기관
- 간호·간병 통합서비스 운영(7개 병동)

위치		울산시 남구 북부순환도로 51
설립년도		2006년
진료과목		소화기내과, 심장내과, 신장내과, 호흡기내과, 정형외과, 외과, 소아청소년과, 신경과, 신경외과, 비뇨의학과, 영상의학과, 마취통증의학과, 가정의학과, 진단검사의학과, 응급의학과
시설 현황	대지면적	본관 · 신관 · 별관 5.195 ㎡ / 희망관 1623 ㎡
	연면적	본관11,150 ㎡ / 별관 3,194㎡ / 신관 4,176 ㎡ / 희망관 8,769 ㎡
	규모	본관 : 지하 1층 / 지상 9층 별관 : 지하 1층 / 지상 7층 희망관 : 지상 4층~10층
병상수		300
직원수(명)		592
홈페이지		http://www.sam-jeong.or.kr

좋은선린병원

우수한 의료진과 진료환경을 마련
포항 지역민에게 신뢰를 구축하고 있는 병원

환자 중심의 따뜻한 의료 서비스를 제공하며 지역 사회에서 신뢰받는 병원이다. AI 진단 시스템과 고주파 온열 치료기 등 최첨단 치료 장비를 통해 중증 및 암 환자들에게 맞춤형 치료를 제공한다. 모든 병동에서 간호·간병 통합 서비스를 운영하여 환자와 보호자의 편의를 극대화한다. 지역 주민들을 위한 의료 봉사와 건강 교육 프로그램에 적극 참여하며, 지역사회와 함께 성장하는 병원이다. 첨단 기술과 인간적인 배려가 조화를 이루는 공간으로, 환자와 가족에게 안심과 희망을 전달한다.

- 간호·간병 통합서비스 운영(5개 병동)
- 경북 최초, 다인용 식약처 인증 의료용 고압산소치료기 도입
  (10인용, 4인용)

위치		경상북도 포항시 북구 대신로 43
설립년도		2016년
진료과목		소화기내과, 순환기내과, 호흡기내과, 신장내과, 내분비내과, 외과, 정형외과, 신경과, 신경외과, 소아청소년과, 심장혈관흉부외과, 가정의학과, 치과, 직업환경의학과, 산부인과, 영상의학과, 마취통증의학과, 병리과, 응급의학과
시설 현황	대지면적	8,514.10㎡
	연면적	27,303.15m
	규모	본관 : 지하 1층 / 지상 10층 구관 : 지하 1층 / 지상 5층
병상수		299
직원수(명)		443
홈페이지		http://www.goodsunlin.or.kr

좋은애인요양병원

최고의 병원시설과 환경, 차별화 된 모범적인 의료서비스 시행
가족의 정서적 부담을 최소화한 노인성질환 재활치료병원

개원 이래 고령 환자와 만성 질환 환자들에게 맞춤형 재활치료를 제공하며 신뢰받는 병원으로 자리 잡았다. 2023년에 완공된 최신 시설은 안전하고 현대적인 의료 환경을 자랑한다.

전문 재활 서비스로는 물리치료, 작업치료, 언어치료 등이 있으며 환자의 개별 요구를 충족시키는 데 중점을 둔다. 감염 예방과 환자 안전에 탁월한 성과를 이루며, 간병과 치료를 조화롭게 제공한다. 환자들의 작은 변화와 회복의 순간을 함께하며 삶의 질을 높이는 데 전념하고 있다.

- 보건복지부 인증요양의료기관(4회 연속)
- 심사평가원 적정성평가 6회 연속(8년간) 1등급
- 의사 1등급, 간호 1등급 의료기관

위치		부산시 동래구 충렬대로359번길 8
설립년도		2006년
진료과목		내과, 외과, 심장혈관흉부외과, 재활의학과, 한방과, 가정의학과
시설현황	대지면적	1,655,9㎡
	연면적	연면적 9,135㎡
	규모	지하 2층 / 지상 8층
병상수		285
직원수(명)		228
홈페이지		http://www.aein.or.kr

좋은연인요양병원

암환자의 재활과 치료를 위한 첨단 의료의 결합
회복과 완화 치료에 집중하여 환자의 삶의 질을 높이는 병원

암 환자를 위한 전문적인 요양과 재활 치료를 제공하며 자연 치유와 첨단 의료를 결합한 병원이다. 고주파 온열 치료기와 산소치료 캡슐과 같은 첨단 장비를 통해 환자의 치료 효과를 극대화하고 있다.

수술 후 회복 및 완화 치료에 집중하며 환자의 삶의 질을 높이는 데 주력한다. 환자 중심의 서비스를 제공하며 가족 같은 분위기를 조성해 신뢰받는 병원으로 자리 잡았다. 환자의 손을 잡고 함께 걸어가는 동반자로서, 희망의 빛을 전하고 있다.

- 보건복지부 인증요양의료기관
- 암재활전인치료 및 프로그램 운영

위치		경상남도 밀양시 삼랑진읍 천태로 355-99
설립년도		2010년
진료과목		내과, 외과, 가정의학과, 한방내과, 한방침구과
시설 현황	대지면적	9,996㎡
	연면적	5,423㎡
	규모	A동 : 지상 1층 B동 : 지하 1층 / 지상 3층 C동 : 지상 2층
병상수		98
직원수(명)		45
홈페이지		https://www.yeonin.or.kr

좋은리버뷰요양병원

자연과 의료가 조화를 이루는 치유공간
맞춤형 재활 치료와 한방 치료를 통해 건강한 일상 복귀를 돕는 병원

낙동강과 금정산의 자연 속에서 환자들에게 최적의 치유 환경을 제공한다. 고령 환자와 장기 요양 환자들에게 1:1 맞춤형 재활치료와 한방 치료를 제공하며, 가족 같은 돌봄을 실천하고 있다. 환자 중심의 접근 방식과 전문 의료진의 협력으로 환자의 삶의 질을 향상시키고 있다.
자연 친화적인 환경에서 환자들이 안정을 찾고 치유에 집중할 수 있도록 돕는다. 치유의 시간을 함께하며 환자들의 일상 복귀를 돕는 특별한 공간이다.

- 보건복지부 인증요양의료기관
- 의사 1등급, 간호 1등급 의료기관

위치		부산시 북구 금곡대로 586
설립년도		2013년
진료과목		내과, 외과, 가정의학과, 한방내과, 한방침구과
시설 현황	대지면적	3,035㎡
	연면적	8,375㎡
	규모	지하 2층 / 지상 6층
병상수		300
직원수(명)		170
홈페이지		http://www.riverview.or.kr

좋은부산요양병원

재활과 고령 환자를 위한 전문 치료를 제공하며 지역 사회의 건강을 책임지고 있다. 기능적 전기 자극 치료와 고압 산소 치료 등 첨단 기술을 활용해 복잡한 환자 요구를 효과적으로 해결한다.

팀 기반의 접근 방식으로 맞춤형 재활 계획을 수립하여 환자의 독립성과 이동성을 회복시키는 데 중점을 둔다. 지역 사회와 협력하여 신뢰받는 의료 서비스를 제공하며 윤리적이고 높은 품질의 의료를 실현하고 있다. 환자의 자립과 새 출발을 돕는 따뜻한 동반자가 되고 있다.

- 보건복지부 인증요양의료기관
- 보건복지부 의료기관 윤리위원회 설치의료기관
- 보건복지부 부산광역시 진료정보교류사업 협력기관
- 근거리 4개 대학병원과 협진체계 운영
- 요양병원 의료서비스 입원급여 적정성평가1등급

위치		부산시 사상구 학감대로 39번길 67
설립년도		2014년
진료과목		내과, 외과, 재활의학과, 방사선종양학과, 가정의학과, 노인의학과, 부인과, 신경과, 한방과
시설 현황	대지면적	6,847㎡
	연면적	9,927.42㎡
	규모	지하 1층 / 지상 6층
병상수		299
직원수(명)		176
홈페이지		http://www.busanhp.com

좋은주례요양병원

부모를 섬기는 마음으로, 가족을 대하는 친절함으로 신뢰받는 병원
치료와 간병, 요양이 조화로운 맞춤형 케어 실현

개원이래 오랜기간 요양병원 운영 경험을 바탕으로 부산 서부산 지역을
대표하는 노인 요양병원으로 자리 잡았다. 좋은삼선병원과의 협진을 통
해 체계적인 의료 서비스를 제공하며, 치료와 간병, 요양이 조화된 맞춤
형 케어를 지원한다. 최적의 시설과 편안한 환경을 갖추고 있으며, 인지
및 정서활동 프로그램을 운영하여 환자의 삶의 질 향상에 기여한다.
부모를 섬기는 마음으로 환자를 가족처럼 모시며, 지역 사회에서 신뢰받
는 병원으로 자리매김하고 있다. 환자의 건강하고 행복한 노후를 위해 매
일 최선을 다하고 있다.

위치		부산시 사상구 가야대로 264
설립년도		2014년
진료과목		내과, 신경과, 가정의학과, 한방내과
시설 현황	대지면적	437㎡
	연면적	2,039.20㎡
	규모	지하 1층 / 지상 6층
병상수		99
직원수(명)		리모델링 중

좋은선린요양병원

포항 최고 명품병원을 자부하는 노인성질환 재활치료 중심 병원
산재보험 재활 인증 의료기관

경상북도 포항에서 지역 최대의 재활치료 인프라를 갖춘 요양병원이다. 근로복지공단 지정 산재보험 재활 인증 의료기관으로서, 뇌졸중, 척추 손상, 근육병 등 다양한 재활 치료를 제공한다. 소아재활 낮병동을 운영하여 소아친화적인 치료 환경과 최신 재활 장비를 갖추고 있다.

로봇 보행 치료기와 라파엘 스마트보드, 윈백 등 첨단 장비를 활용해 환자들에게 맞춤형 재활 훈련을 지원한다. 요양병원 적정성 평가에서 1등급을 획득하며, 신뢰받는 의료 서비스를 실현하고 있다. 모든 연령대의 환자들이 회복과 희망을 찾을 수 있는 특별한 공간이다.

- 보건복지부 인증요양의료기관
- 근로복지공단 산재보험 재활인증 의료기관
- 국가보훈처 보훈위탁병원
- 요양병원 적정성 평가 1등급
- 소아재활치료 낮병동 운영
- 급성기 퇴원환자 지역사회 연계사업기관(공공의료사업)

위치		경상북도 포항시 북구 대신로 27
설립년도		2016년
진료과목		재활의학과, 비뇨의학과, 가정의학과, 외과, 한방과
시설현황	대지면적	16,341㎡
	연면적	13,000.28㎡
	규모	지하 1층 / 지상 4층
병상수		374
직원수(명)		204
홈페이지		http://www.sunlinrmh.co.kr

좋은사랑요양병원

뇌질환 진료에 필수 전문과목인 재활의학과, 내과, 신경외과, 한방과 협진 시스템이 갖춰져 있고, 4명의 전문의들로 전문의 비율이 높아 뇌졸중, 중풍, 치매 등 뇌질환 치료에 집중하는 병원으로 뇌질환 환자 요양에 최선의 선택임을 자부한다. 주변 대학병원과의 접근성이 용이하여 급성 환자분들의 좋은 선택지가 될 수 있다.

재활의학과 전문의가 근무하고 있고, 재활팀치료사 전원이 뇌졸중 재활을 전문적으로 수행할 수 있는 중추신경발달치료(보바스, NDT, PNF) 자격증을 가지고 있기 때문에 다른 요양병원에 비해 보다 전문화된 뇌졸중 재활치료를 제공하고 있다.

- 보건복지부 인증요양기관
- 의사 1등급, 간호 1등급 의료기관

위치		부산시 사하구 낙동대로 305
설립년도		2025년
진료과목		내과, 재활의학과, 신경외과, 산부인과, 한방과
시설 현황	대지면적	1,495.8㎡
	연면적	7,010.66㎡
	규모	지하 2층 / 지상 7층
병상수		278
직원수(명)		87

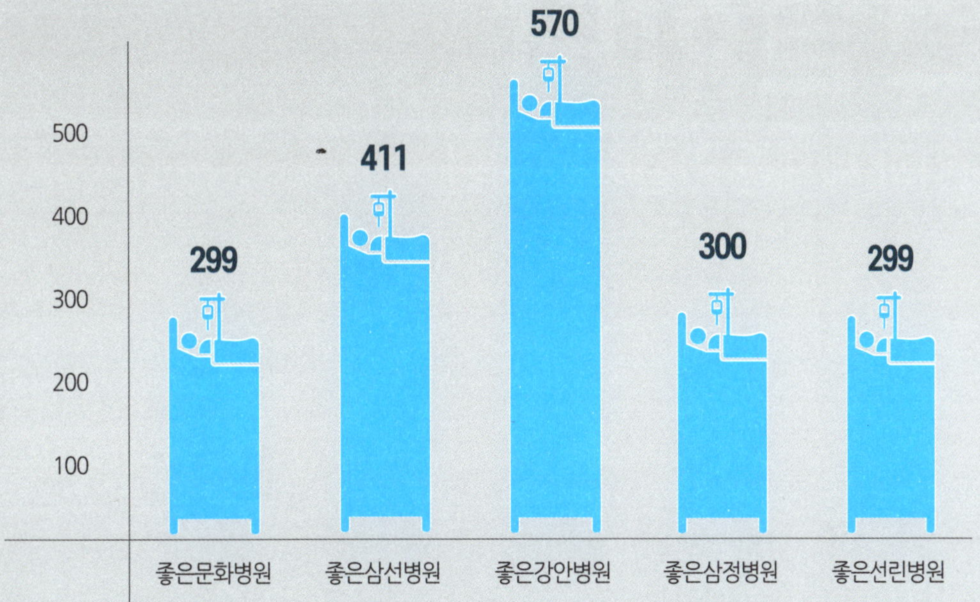

병상의 수는 중요하지 않다. 좋은병원들에선 병상이 부족할 때 다른 좋은병원들과 연결해, 가급적 빠른 시간 내에 환자의 고통을 줄여줄 행정적 처리를 취하고자 한다. 그러므로 부족한 병상으로 환자를 수용하지 못할 경우는 없으며, 될 수 있는 한 좋은병원들의 네트워크를 통해 병상을 마련하고자 한다. 환자를 위한 '시간'을 단축하고 최적화된 방식으로 병원을 이용할 수 있는 기반을 마련해두고 있다. 환자의 증상에 따라, 병원들간 네트워크를 이용해 전문적 의료를 받을 수 있도록 하고 있고 전문의들간의 협력도 잘 이루어져 빠른 회복을 기대할 수 있다.

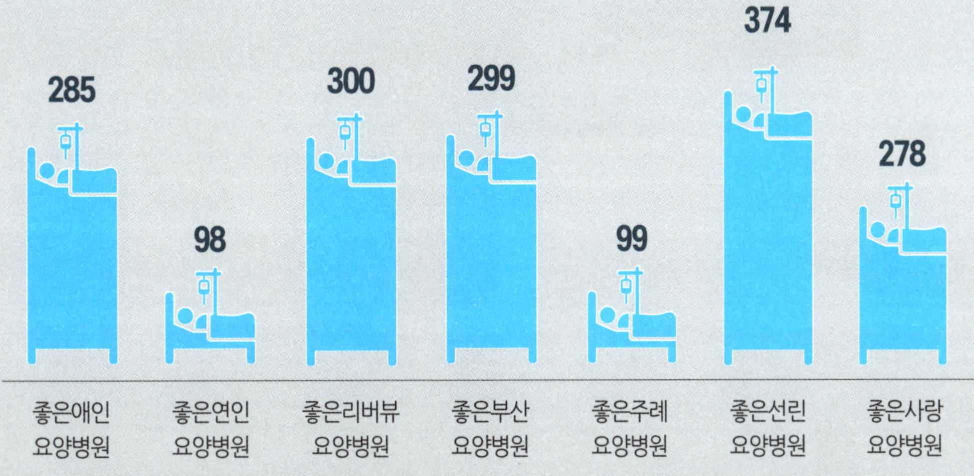

연결하다

지역과 세계를 연결하는 병원

병원은 지역 사회와
긴밀히 연결된 공간이다.
환자의 삶과
지역 경제, 문화 속에서
중요한 역할을 한다.
국경을 넘어 의료 교류와
원격 진료를 통해
더 많은 환자를 만난다.
지역과 세계를 잇는 것이
병원의 새로운 가능성이자
역할이다.

어떤 병원도 아직까지 지역을 벗어날 수 없다. 대기업이 헬스케어 산업에 진출해 지역과 이른바 빅5 병원을 연결하고 진료받을 수 있도록 하는 전략을 갖고 있다고는 해도, 병원이라는 물질적 조건이 지역을 벗어나는 것은 적어도 여전히 불가능하다. 로컬을 터전으로, 로컬과 더불어 살아갈 수밖에 없는 것이 병원인 것이다. 병원을 구성하는 사람들도 역시 로컬에 기반한 삶을 살고 있기 때문에 로컬과의 밀착은 필수적인 사항이 아닐 수 없다. 또 많은 환자들이 지역에 기반한 삶을 산다는 점에서, 로컬병원에서의 치료는 로컬의 회복과 같은 의미를 지닌다고 할 수 있다. 사람이 살지 않는 집이 금방 폐가처럼 변하듯이, 지역민을 치료하고 돌보는 로컬병원의 가치는 인구위기를 담론화하는 추세에도 지역의 생존과 지속을 위한 필수적인 조건으로 자리매김하고 있다.

로컬병원에 환자로서의 지역민과 직원으로서 지역민이 함께 거주하고 있다는 점에서, 로컬병원의 기능은 하나로 한정되지 않는다. 생명과 생존, 삶을 모두 껴안고 있는 로컬병원은 로컬의 '문화'에도 영향을 끼칠 수밖에 없다. 병원 내부의 문화는 지역 문화의 요소로 연결되어 있고, 지역의 분위기에도 일정한 영향을 미치는 것이다. 좋은병원들 네트워크에서 일하는 사람들의 자세와 태도는 지역의 흐름과 무관할 수 없다. 좋은병원들 내부의 문화와 분위기만 그런 것은 아니다. 일테면, 좋은병원들 자체가 일종의 명소나 랜드마크 기능을 할 때가 그러하다. 병원이 병원의 기능만 하는 게 아니라, 병원 자체가 '문화적 요소'로 참여하고 있는 경우가 있다.

예컨대, 흔히 잘 모르는 미국의 병원 이름 자체가 상징하는 바를 고려해 볼 수 있다. 존스홉킨스처럼 대명사가 된 병원이나, 브리햄앤위먼스 호스피탈, 세다스-시나이 메디컬센터, 클리블랜드 클리닉, 듀크유니버시티 호스피탈 등등의 병원들은 로컬에 위치하면서도 세계적인 병원으로 자리 잡고 있다. 이들 병원 자체가 의료를 기반으로 한 문화 자체를 이루고 있다고 해도 과언이 아니다. 한국 드라마에서도 한번씩 존스홉킨스에서 온 의사가 등장한다는 것을 떠올려보면 된다.

좋은병원들 네트워크도 바로 이런 상징적 의미에서의 문화로 자리 잡는 것이 로컬의 위상을 재조정하는 방식으로 자연스럽게 나아갈 것이라고 예측할 수 있다. 왜냐하면 좋은병원들 네트워크는 그런 기반들이 충실히 갖추어져 있기 때문이다.

가령, 좋은강안병원은 특이하게도 영화 촬영의 메카로 소개되기도 한다. 영화 〈강력 3반〉(2005)을 위시해서 〈작업의 정석〉(2005), 〈강적〉(2006), 〈눈부신 날에〉(2007), 〈기억, 상실의 시대〉(2008)가, 최근에는 〈홈〉(2018)이 촬영되었고 드라마 〈닥터 깽〉(2006)도 이곳에서 촬영이 되었다. 로컬병원이 로컬의 자연적 조건과 더불어 있다는 점이 영상 제작에 큰 이점을 보이기 때문에 각광을 받았던 것으로 보인다. 광안리와 금련산을 앞뒤로 두고 있는 좋은강안병원이 시각적으로 탁월한 입지 조건으로 인해, 병원 자체가 부산을 상징하는 이미지로 포착될 수 있는 것이다. 한편, 좋은병원들 네트워크는 2024년 부산국제어린이청소년영화제에 응급의료부스를 설치해 운영하기도 했다.

바다와 산을 함께 끼고 있는 병원을 찾는 건 어렵다. 부산은 이런 입지 조건을 갖춘 드문 지역이며 병원이 이런 장소들에 들어서게 될 때, 지역의 명소가 될 수 있다. 물론 이런 입지 조건은 자본에 잠식되어 있기 때문에 쉽지 않다. 오히려 공적 성격을 병원이 활성화하기 위해선, 입지 조건과 크게 상관없이 문화를 활성화하는 전략도 갖추지 않으면 안 된다. 그러므로 병원을 아파서만 찾아가는 게 아니라, 병원에서 도시와 문화를 공유하는 허브가 될 수도 있는 것이다. 좋은병원들이 지향하는 것도 바로 병원이 문화적 명소가 되도록 하는 데 있다.

지역과 병원의 이야기

좋은병원들과 지역문화

좋은병원들은 치료만 하는 곳이 아니다. 지역이 지속되지 않으면 병원도 지속될 수도 없다. 병상의 수만 늘린다고 지역병원의 경영이 안정화되는 것도 아니다. 지역과 함께 살아가야만 하는 운명이자 의무가 바로 지역병원이고 좋은병원들은 이런 감각을 잘 반영하고 있다. 그러므로 병원을 기능적 차원에서만 두어선 안 되고 문화적 장소가 되어야 하는 것은 물론이다. 병원 곳곳에 있는 예술 작품들은 인테리어가 아니다. 그것 자체가 정서적 치유로 제공되는 것이다. 가령, 좋은문화병원 2층 엘리베이터 앞 벽면엔 부조 작품이 하나 들어서 있다. 조금만 주의를 기울이면, 일반적인 벽과 다른 질감과 분위기를 느낄 수 있을 것이다. 그런 낯선 경험으로 병원의 딱딱한 분위기를 전환하고 동시에 마음도 다르게 움직일 수 있게 된다. 만약 병원 내부공간만이 아니라 병원 자체가 도시 내에서의 일종의 작품처럼 감각된다면, 시민들은 병원을 보는 것만으로도 예술적 감각을 전이받게 될 것이다.

좋은병원들 네트워크를 방문해 본 사람들은 병실이나 복도에 걸린 작품들이 일반적인 의미에서의 병원 그림처럼 보이지 않는다는 걸 감지할지 모르겠다. '의미' 없는 꽃 그림이나 풍경 그림이 아니라 그림을 자세히 들여다보면, 바라보는 사람들의

마음을 움직이는 작품들로 꾸려져 있다. 부조나 회화 작품들은 신중하게 선택된 것이며, 환자와 고객들이 작품을 통해 소소한 마음의 에너지를 품을 수 있도록 배치되어 있다고 할 수 있다. 좋은병원들 네트워크에선 예술 작품들도 환자들의 치유와 고객들의 마음을 보살필 수 있도록 예술적 역량을 발휘하는 중이다. 언젠가 천천히 복도를 걸어보고 싶은 마음이 굴뚝같다.

좋은병원들의 이런 방향은 지역 예술가들에 대한 지원의 한 방식이라고도 할 수 있다. 예술가들이 겪는 어려움은 일상적인 생계의 문제와 관련되어 있다. 즉 예술가들의 작품에 대한 매입은 예술가들에 대한 후원이자 지원이라고 할 수 있다. 모든 작가나 작품을 대량으로 구매할 수는 없지만 좋은병원들과 적절하게 매듭이 이뤄질 수 있는 작가와 작품이 좋은병원들에 걸리고 환자 혹은 고객의 눈길이 닿으면서 색다른 방식으로 만남이 이루어질 것이다. 예술가는 자신의 작품이 많은 관객들과 만나 커뮤니케이션을 이루기를 욕망한다는 점에서, 병원만큼 꾸준히 지속적으로 관객이 주어진 장소도 없다. 좋은병원들이 문화적 공간이 되고자 하는 것도 이런 점에 있을 것이다.

나눔으로써 채우는
좋은병원들의 봉사 활동과 장학 지원

좋은병원들 네트워크는 아주 오래전부터 지역사회를 위한 봉사활동을 쉼 없이 이어왔다. 한해도 거르지 않고 지역봉사를 '의무'로 받아들여 다양한 영역을 지원해왔다. 하지만 좋은병원들의 봉사 활동이 일방적인 시혜의 입장에서 이루어지는 것은 아니다. 오히려 봉사를 할 수 있어서 감사하는 쪽에 가깝다. 그만큼 좋은병원들의 봉사는 좋은병원들에 체질화된 것이다. 좋은병원들 네트워크는 직원들과 함께 복지단체나 무의촌, 수해지역 등 도움이 필요한 곳에서 무료진료 및 봉사활동을 실시하고 있다. 도움과 지원이 필요한 이웃을 위한 성금 모금에 동참하며 시작한 봉사활동이 현재까지 하나의 관례가 되고 있다.

또한 은성의료재단의 복지사업은 '필요한 곳이면 어디든지 찾아가 도움을 준다'는 취지 아래, 장애인·노인·여성·아동을 위한 지원을 확대해 나가고 있다. 또한 범죄피해자지원 등 국가 제도의 사각지역에 놓인 차상위 계층과 소외된 이웃에 대한 지원도 아끼지 않고 있으며, 환자의 사회적·경제적·가족적·심리적 문제를 파악하여 사회복지실천기술을 활용한 상담을 제공, 전인적인 치료에 앞장서고 있다. 나아가, 앞으로는 은성의료재단과 함께 국경 없는 의료복지의 실현을 목표로 의료의 손길이 필요한 곳이라면 어디라도 도움을 줄 수 있도록 인적·물적 지원을 확대할 계획이다.

좋은병원들에서 실천하는 복지사업은 크게 세 가지로 나눌 수 있다. 무료진료로 대표되는 **의료복지**(관내복지관 무료진료, 경로당 무료진료, 무료성형봉사활동, 도시철도 무료진료, 이동병원, 소방본부 등 공공기관 대상 강의 및 건강상담, 여성단체 강의 및 상담교실 운영, 무료시민건강강좌, 1사 1촌 자매결연 및 무료진료, 간호사의날 무료진료 등)가 있다.

그리고 그늘진 곳에 사랑을 실천하는 **사회복지**(장애우와 함께하는 나들이 행사, 인근지역 환경정화운동, 무료 이·미용활동, 아동학대예방캠페인, 사랑의 바자회, 아나바다장터, 사랑 나눔 콘서트, 사랑의 헌혈운동, 저소득층 아동초청 견학행사, 하절기 식혜나누기, 가훈써주기, 미아방지 캠페인, 임산부 태교 콘서트, 구연동화 이벤트, 풍선아트 이벤트, 음악회, 포토 이벤트)가 있다.

마지막으로 소외된 이웃을 위해 일하고 있는 사회복지단체를 폭넓게 지원하는 **후원사업**(소화영아재활원 후원, 매실보육원 후원, 동부아동보호기관 후원, 저소득층 및 영세민 진료비 및 재활치료비 지원사업, 연말연시 불우이웃돕기 성금, 남북어린이 어깨동무 후원, 국제장애인협의회, 유니세프, 부산광역시체육회 장학금, 좋은문화상, 수영구장학재단, 초록우산어린이재단)이 있다.

병원의 역할에 기초한 사업 이외에 **장학사업**도 지원한다. 저소득층의 교육기회 확대를 위해 성적우수자 뿐만 아니라, 형편이 어려운 학생들에게도 장학금을 지원해오고 있다. 이는 교육기회 불평등 해소에 작은 힘을 보태고자 하는 취지도 있지만, 장학생들이 은성의료재단의 봉사정신을 계승하여 사회발전에 이바지 할 수 있도록 하는데 더 큰 의의를 두고 있다.

부산중고등학교 동창회와 경남여고동문회 등에 장학금을 기탁하여 학업성적이 우수하고 성실한 후배들을 위해 쓰이도록 하고 있다. 이밖에도 성실한 성적우수자를 대상으로 **부산가톨릭대학교와 부산대학교, 부산고등학교**에도 장학금을 지급하고 있다.

이에 더해 **부산대학교 산부인과 발전기금**으로 매년 일정액을 기부키로 하고 의학대학원 발전재단과 약정했다. 부산대학교산부인과는 이 기부금으로 향후 SCI논문지원, 학술대회 개최 및 연구지원 등 학술 진흥을 위해 사용할 계획이라 밝힌 바 있다.

이외에도 병원과 인연을 맺은 모든 이들이 질병을 예방하고 행복한 가정생활을 꾸릴 수 있도록 다양한 **무료건강강좌**를 개설하고 발전시켜 오고 있다. 시민의 건강을 위하여 원내뿐만 아니라 원외 무료강좌도 운영하고 있으며 지역사회와 더불어 호흡하는 원외 강좌를 마련하여 부산·경남 시민들의 건강증진과 복지를 위해 다양한 **건강교실**을 개최하고 있다.

세계의 경계를 넘다

인구위기나 기후위기와 같은 다양한 변화는, 지역 사회가 더 이상 단일한 문화와 역사로 이루어진 인구집단으로 구성될 수 없다는 사실을 상기시킨다. 다문화사회는 앞으로 사회의 기본 전제가 될 가능성이 높으며, 이를 유지하기 위해 **다문화적 구성에 대한 이해와 제도적 정비는 필수적이다.** 인구학적 변화는 다양한 문화와 가치를 지향하는 사람들과 공존해야 하는 시공간이 생성되는 방향으로 나아가고 있으며 병원은 특정한 종족이나 문화를 뛰어넘어 글로벌한 차원에서 이루어지는 의료 서비스를 제공해야만 하는 의무 앞에 서게 된 것이다.

이와 더불어 AI를 필두로 하는 최첨단의 테크놀로지의 등장으로 인해, 유래없는 의학기술이 탄생할 것이고 지역에 터전을 둔 의료의 경계가 지역을 뛰어 넘어 글로벌한 차원으로까지 확대될 것임을 암시해준다. 의료 행위에 첨단기술을 적용하는 과제와 글로벌한 차원에서 의료 서비스를 제공하는 두 가지 영역이 '테크놀로지'의 진전으로 가능하게 되는 것이다. 요컨대, 최첨단의 테크놀로지는 의료 행위와 의료 서비스 양자에 큰 변화를 초래한다는 의미이다. 이는 치료를 위한 접근법을 달리 하지 않는다면, 병원의 생존에 심각한 타격을 미칠 것을 지시한다. 사회적 변화가 커지고 기존 가치가 흔들리는 상황에서, 병원의 문화나 방향을 과거 그대로 유지한다면, 그 병원을 찾는 환자와 고객이 줄어들 것은 분명해 보이기 때문이다.

결국 인구 변화와 최첨단 기술의 등장은 '지역'이라는 기반 위에 '글로벌'한 차원을 더하는 요인이 된다. 지역은 글로벌의 도전을 피할 수 없다. 부산만 하더라도 제2도시가 아니라 국제도시로서 제 몸을 바꾼지 오래되었다. **로컬과 글로벌의 합성어인 이른 바 '글로컬'을 지향해야만 하는 상황에 좋은병원들 네트워크가 놓여 있는 셈이다.** 실제로 좋은병원들의 '미담'에는 부산 시민이나

한국인들의 편지만 있는 게 아니라, 해외에서 온 감사 인사가 발견되고 있으며 좋은병원들이 다문화 가정을 위한 봉사활동을 지속하고 있다는 점만 보아도, 시민을 하나의 모습으로 규정짓기는 어렵다는 사실을 알 수 있다. 이제는 한국인 의료진뿐 아니라, 아시아 및 해외 의료진과의 협업 가능성도 커졌다고 할 수 있다.

주요 국가나 도시의 민간병원과 협력 네트워크를 지금부터라도 구축해야 한다. 특히 부산을 방문하는 관광객의 국적 분포를 고려한 전략적 대응이 필요하다. 의료 인프라가 부족한 국가의 민간병원들과 협력 체계를 구축해, 선진 의료서비스를 제공하는 것이 병원의 미래 전략이 될 수 있다. 관광객 대상 의료서비스, 장기 체류 외국인, 이주민과 다문화가정을 적극 수용하는 것이 중요한 출발점이 될 수 있다. 좋은병원들은 글로벌의 물결에 대응하기 위해 다문화와 테크놀로지 양자 모두에 깊이 개입하고 있으며 구체적인 실현 방안도 적극적으로 이야기하고 있다.

좋은삼선병원과 경남정보대학교는 2024년 10월 7일(월) 오후 4시, 민석기념
관 대회의실에서 유학생 요양보호사 인력 양성 및 의료산업 발전을 위한 산
학협력 업무 협약을 체결하고, 양 기관의 공동발전을 도모하기로 했다고 밝혔
다. 이번 협약을 통해 좋은삼선병원과 경남정보대학교는 지역 사회의 의료 인
력 수요를 충족시키고, 전문 인재양성을 목표로 다양한 교육 및 연구 프로그
램을 진행할 예정이다.

—「경남정보대학교와 산학협력 업무협약」,『좋은병원들』75, 2025. p. 39.

은성의료재단 좋은병원들(이사장 구자성)은 2024년 12월 9일(월), 구글 그리
고 헬스케어 전문기업 DK메디칼시스템(대표이사 이준혁)과 함께 의료기관의
디지털 혁신을 위한 업무협약(MOU)을 체결하였습니다. 이번 협약은 구글의
대규모 언어 모델인 Gemini와 Med-LM을 기반으로 한 디지털 솔루션을 공
동으로 기획·개발·제공하기 위해 추진되었습니다. 이를 통해 은성의료재단은
의료 디지털 생태계 조성, 필수 서류 자동화, 의료진을 위한 전문 Q&A 서비
스 등 첨단 디지털 혁신을 실현하고자 합니다.
DK메디칼시스템은 이번 협력을 통해 Med-LM을 활용한 의료 전용 생성형
AI 솔류션 개발에 박차를 가할 예정입니다. 주요 프로젝트로는 GWS, 의무기
록 자동화, 의료진 맞춤형 Q&A 챗봇 등이 포함되며, 의료기관의 디지털 전환
을 선도하겠다는 비전을 밝혔습니다.
구자성 이사장은 "이번 협약이 대한민국 의료계에 AI 솔루션과 첨단 협업 툴
을 도입하는 계기가 되기를 바라며, 이를 통해 연구성과를 창출하고 선도적인
변화를 이루어가겠다"고 전했습니다.
이준혁 대표이사는 "은성의료재단과 함께 디지털 헬스케어 생태계를 구축하
는 협력을 시작하게 되어 매우 기쁘다"며 기대감을 표명했습니다. 이번 협약

을 통해 은성의료재단과 DK메디칼시스템은 디지털 혁신과 협력을 통해 미래 의료 환경을 선도할 수 있는 강력한 파트너십을 구축하게 되었습니다.

—「은성의료재단·구글·DK메디칼시스템 디지털 혁신을 위한 MOU 체결」, 『좋은병원들』 75, 2025. p. 13.

위의 인용기사에는 인구학적 차원과 테크놀로지의 차원에 대응하고 있는 좋은병원들의 노력이 잘 나타나고 있다. AI를 비롯해 IoT, 5G, AR·VR, 블록체인, 의료로봇 등 다양한 기술을 병원 시스템에 어떻게 접목할 것인지에 대한 고민도 필요하다. 63,290(35,205[남]+28,085[여])명의 외국인이 거주하는 부산의 조건도 함께 고민해야 하는 사항이다. 병원 안팎에서 요구되는 변화들을 빠르게 실현해 나가는 것이 중요해질 수 있다. 의료관광이라는 말이 나온지도 벌써 20년이 넘어가고 있으니, 병원 역시 점점 변화된 환경에 맞춰 체질을 바꾸어가고 있는지도 모른다. 구자성 이사장의 비전과 좋은병원들의 행보를 살펴 보면, 향후 몇 년 안에 국내외를 아우르는 의료 제공을 위해 준비를 마칠 것으로 기대된다.

외국인 환자 수가 증가하고 있다. 이는 국내 의료진에 대한 신뢰가 국제적으로 높아지고 있다는 점도 있지만, 동시에 한국과 부산 지역의 인구 구성이 점차 변화하고 있음을 보여준다. 따라서 의료의 국제화는 현재 진행 중인 동시에, 미래를 향한 흐름이기도 하다.

이에 대한 대비가 없다면, 병원의 미래를 낙관하기는 어렵다. 따라서 글로벌 차원의 커뮤니케이션과 특화된 의료 서비스의 정착을 위해, 국제적 기준에 부합하는 병원의 위상을 갖추는 일이 시급하다. 좋은병원들은 이미 이른 시기부터 글로벌 의료에 발맞춰 나가고 있다.

좋은병원들 외국인 환자 수

2005년 ~ 2024년 / 단위 : 명

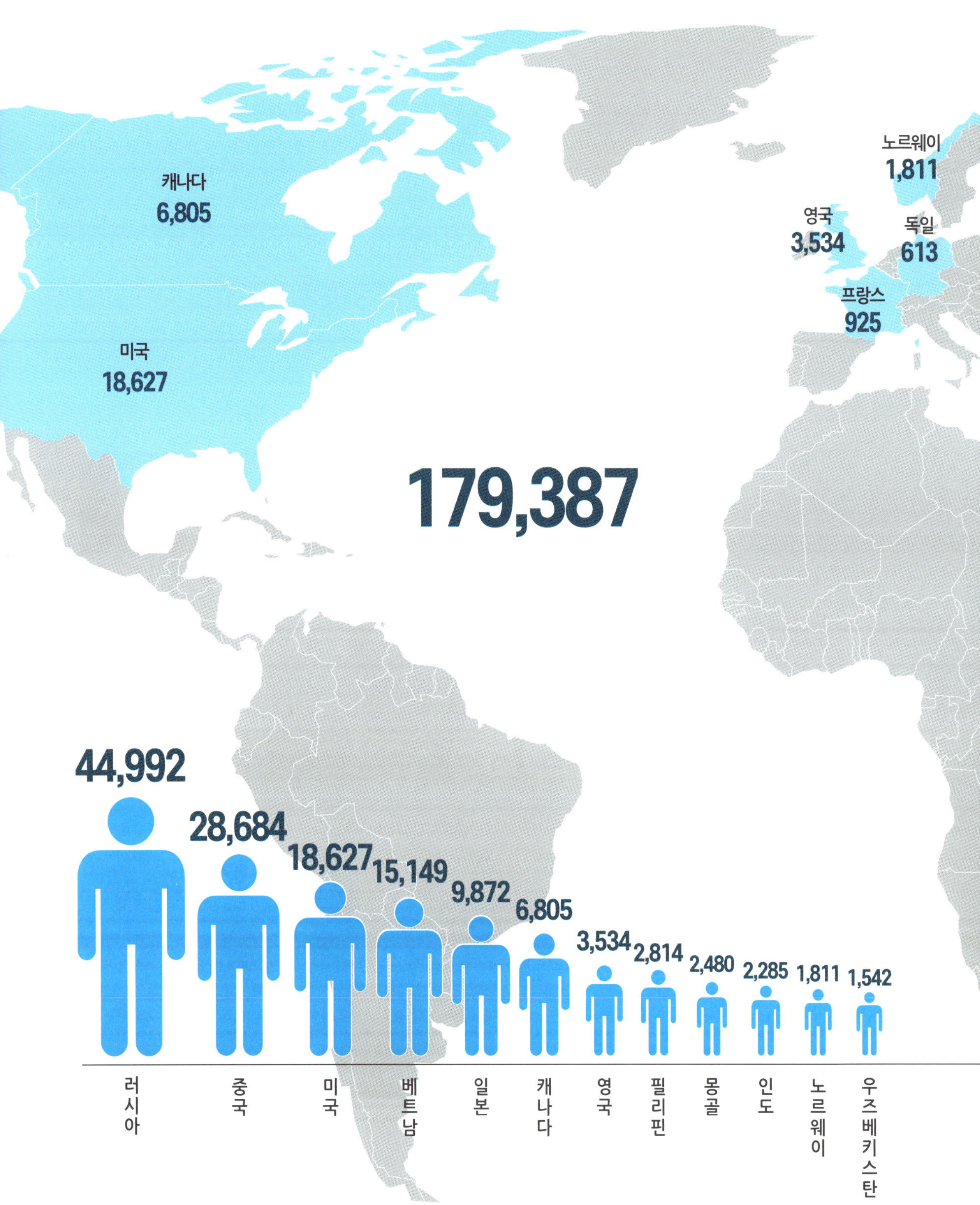

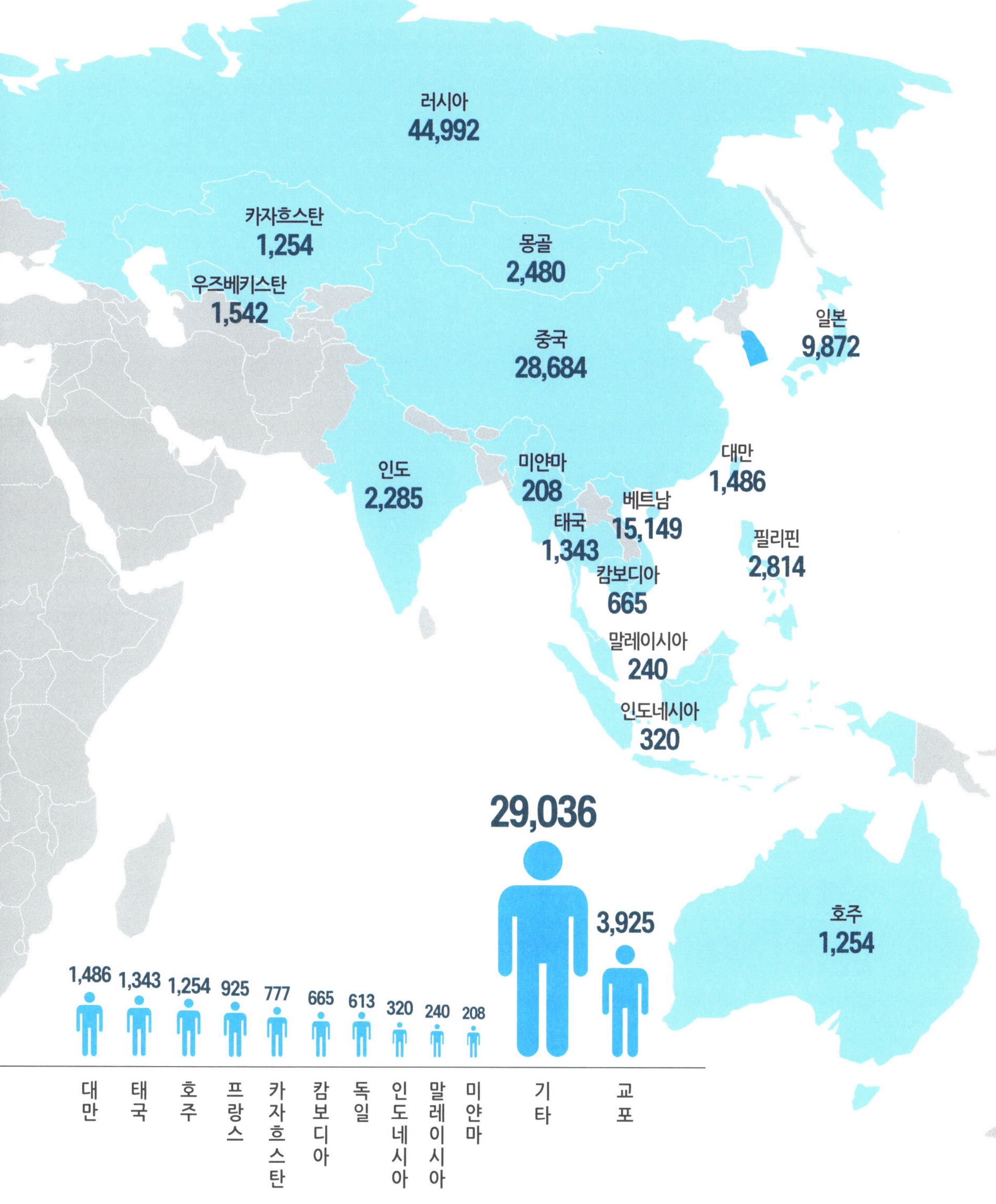
러시아
44,992
카자흐스탄
1,254
몽골
2,480
우즈베키스탄
1,542
일본
9,872
중국
28,684
인도
2,285
미얀마
208
대만
1,486
베트남
15,149
태국
1,343
필리핀
2,814
캄보디아
665
말레이시아
240
인도네시아
320
29,036
3,925
호주
1,254
1,486
1,343
1,254
925
777
665
613
320
240
208
대만
태국
호주
프랑스
카자흐스탄
캄보디아
독일
인도네시아
말레이시아
미얀마
기타
교포

바라보다

미래를 향해 나아가는 의료

병원의 미래는
변화하는 의료 기술과
함께 발전하고 있다.
스마트 병원과
인공지능 의료 시스템이
환자 중심의
치료 환경을 만들어간다.
시대가 변해도 환자를 향한
따뜻한 마음은 변하지 않는다.
지속 가능한 의료를
실현하는 것이 병원의 목표이다.

더 좋은 병원을
만드는 일
구자성 이사장이 해야 할 일들과 하고 싶은 일들

2024년, 은성의료재단 이사장으로 구자성이란 이름이 오른다. 1978년부터 켜켜이 쌓여 온 은성의료재단 산하 좋은병원들의 시간은, 새로이 그 자리에 서는 이에게 어떤 의미로 다가올까? 때로는 묵직한 부담감으로, 때로는 더없는 축복으로 여겨질 터이다. 재단에 속한 모든 병원의 역사를 2025년 기준으로 합쳐서 헤아리면 자그마치 200년에 이른다. 올해 좋은삼선병원은 개원 30주년을, 좋은강안병원은 20주년을 맞이하였다. 이처럼 은성의료재단의 병원들이 저마다의 자리에서 건강하고 튼튼하게 뿌리내린 터전 위에, 구자성 이사장은 새로운 리더로서 첫발을 내딛는 것이다.

병원의 공기로 채워진 유년

문득 제가 걸어온 길을 되짚어볼 때가 있어요. 남들과는 조금 다른 환경에서 유년기를 보낸듯 싶습니다. 은성의료재단의 시작이라 할 수 있는 문화숙산부인과와 구정회정형외과가 문을 연 것이 1978년이었죠. 저는 76년생이니, 아주 어릴 적부터 병원이라는 공간과 함께 숨 쉬며 자란 셈이에요. 처음에는 의원이었고, 저희는 병원 사택에 살았습니다. 그 때문인지 학교에 가면 친구들은 제게서 병원 냄새가 난다고 했어요. 유치원이나 학교에서 돌아오면 진료실 문을 열고 "다녀왔습니다" 인사하고서야 위층 집으로 올라가곤 했죠. 그 시절엔 집과 병원, 출근과 퇴근, 가정과 일의 경계가 희미했어요. 부모님께서는 집에 오셔서도 한밤중 걸려 오는 '콜'에 다시 병원으로 내려가셨고, 저는 어머니가 돌아오실 때까지 잠 못 이루다 그제야 잠이 들곤 했습니다. 그런 날들의 연속이었어요.

밥도 늘 직원 식당에서 직원들과 함께 먹었습니다. 그때는 야유회를 참 자주 갔죠. 의사 선생님들, 직원들과 함께요. 다른 아이들이 가족과 시간을 보낼 때, 저는 직원들과 범어사나 통도사로 향했어요. 그래서 직원들이 저를 업어 키웠다는 말을 지금도 듣습니다. 그런 생활 자체가 꽤나 특별한 경험이자 환경이었던 거죠. 병원을 증축했을 때는 환자가 다 들어차기 전까지 우리 가족이 병동에서 생활하기도 했습니다. 환자 침대가 제 침대가 되고, 다인실은 거실로, 병동 다용도실은 부엌으로 변했죠. 이 때문에 저는 스스로 '병원에서 자란 아이'라는 느낌을 강하게 받아요. 그 환경이 제게 미친 영향은 실로 적지 않으리라 생각합니다.

그래서였을까요, 병원은 제게 막연히 '벗어날 수 없는 우주' 같은 곳이었어요. 그 사실이 좋을 때도 있었지만, 때로는 갑갑함으로 다가왔던 것도 부정할 수 없습니다. 겉으로는 순탄해 보였을지는 몰라도, 저의 내면적으로는 제가 자라온 환경 속에서 제 인생의 역할을 받아들이고, 그런 사람으로 커나가는 과정이 말처럼 그리 간단치만은 않았어요. 하지만 2012년, 좋은문화병원에 정식으로 입사해 진료와 여러 병원 일을 맡으면서부터, 이것이 저의 운명임을 자연스레 받아들이게 되었죠. 나아가 무한한 책임감과 소명 의식마저 느끼게 되는데 그리 긴 시간이 필요하지 않았습니다. 이런 마음과 각오를 품게 된 것은 제가 노력해서 얻어낸 결과라기보다, 제게 찾아온 커다란 선물 혹은 은혜와 같다고 여겨집니다. 제가 가장 감사하게 생각하는 부분이죠.

성장을 위한 우회, 혹은 예정된 경로

저는 무언가 다르게 해보고 싶었어요. 의학이 아닌 경영학 같은 다른 분야를 공부하고 싶었고, 다양한 경험에 대한 갈증도 컸죠. 그것이 내가 해야 할 '병원 경영'에 구체적으로 어떤 도움이 될지는 미지수였지만, 왠지 모르게 필요하다는 직감이 있

었어요. 우리나라에서 경영학을 전문적으로 공부하고 학위를 취득한 후 병원을 경영하는 사례는 드물었기에, 제가 한번 시도해 보면 좋겠다는 생각이 들었습니다. 전문의를 취득한 이후에는 몇 년쯤 다른 길을 갔다가 돌아오리라 마음먹었죠. 그 시간이 제가 앞으로 해나갈 일이나 제 인생을 한층 풍요롭게 만들어 주리라는 믿음이 있었거든요.

그래서 미국 유학길에 올라 와튼스쿨이라는 경영대학원에서 경영학 석사(MBA) 학위를 받았습니다. 그런데 막상 학위를 따고 보니 여전히 제가 많이 부족하다는 생각뿐이었어요. 학교에서 학위를 받는다고 경영의 모든 것을 알 수 있는 것도 아니었고, 이 정도로는 제가 기대했던 수준에 미치지 못할 것 같았죠. 더 많은 경험이 필요하다고 판단했고, 어쩌면 조금 엉뚱한 선택일 수도 있지만 경영 컨설팅 회사인 맥킨지에 입사해서 실전 경험을 쌓았습니다. 그렇게 몇 년간의 '외도'를 마치고 다시 병원으로 돌아왔지요. 그때의 시간이 지금의 병원 경영에 정말 큰 도움이 되었다고 생각해요. 한마디로 표현하기는 어렵지만, 경영자 또는 리더로서 '생각하는 힘'을 기를 수 있었던 소중한 시간들이었습니다. 인적 네트워크도 다양하고 넓어졌고요. 제가 보통의 의사들과 무언가 '다르다'고 한다면, 그 시절의 경험이 지금의 저를 만드는 데 70~80%는 기여했다고 봐요.

병원이라는 이름의 지역학

병원은 지역이라는 토양에 깊이 뿌리내린 존재예요. 지역 주민들을 위해, 더 넓게는 시민들을 위해 존재하는 거죠. 저희처럼 규모가 있는 병원조차 고객의 70%가량은 이 지역 분들이세요. 심지어 서울의 소위 빅5 대학병원들도 지역 주민의 이용률이 저희 생각보다 훨씬 높습니다. 병원은 본질적으로 지역 중심적인 성격을 강하게 띤다고 할 수 있어요.

그래서 지역민과 병원이 맺는 관계는 다층적이고 복합적이라고 생각해요. 때로는 느슨하게, 때로는 여러 갈래로 얽히고설킨 복잡한 그물망처럼 보이기도 하죠. 이제는 이러한 관계를 더욱 단단하게 만들고, 꼬인 매듭은 풀어내며, 보다 유연하고 신속하게 이어지도록 돕는 것이 병원의 역할이라고 여기게 되었습니다.

병원은 진료하는 곳, 건강을 책임지고 아픈 이들을 돌보는 곳이니까요. 시민들이 언제든 병원을 편안하게 이용하고, 만족스러운 경험을 하며, 주위에 아픈 사람이 있으면 자연스레 우리 병원을 권하는 것. 이 모든 흐름이 결국 연결된 관계라는 생각이 들고, 이런 부분에 좀 더 세심한 주의를 기울여야겠다고 다짐합니다. 결국 병원은 지역 기반의 기업이며, 저희 역시 지역 주민들과 함께 성장해 왔기에, 이 지역사회에 어떤 방식으로 기여할 수 있을지를 늘 고민하게 돼요.

디지털 시대, 그러나 의료의 본질은 아날로그

병원을 스마트 병원으로 바꾸겠다거나, '디지털 트랜스포메이션'이라는 이름 아래 여러 시도를 거듭하면서, 오히려 역설적인 깨달음에 이르렀어요. 고객에게 감동을 주는 것은 디지털 기술 그 자체가 아니라, 결국 아날로그적인 온기라는 사실을 실감하게 된 거죠. 병원에 아무리 많은 디지털 장비가 도입되고 시스템이 편리해진다 한들, 그것만으로는 병원을 찾는 분들에게 깊은 감동이나 기쁨을 주지 못하더라고요. 디지털은 편리함을 줄 수 있을 뿐이죠. 환자분들에게 진정한 감동을 선사하는 것은 결국 아날로그적인 요소들이에요. 직원이 손을 잡고 직접 안내해 드리거나, 의료진이 병상 곁에서 정성껏 간호하고 위로를 건네는 그 순간에 감동하고, 더 나아가 치유의 경험을 하게 되는 겁니다. 그래서 저는 병원의 디지털화를 추진하면서 오히려 아날로그 서비스를 더욱 강화하게 됐어요. 입원 환자분들에게 일일이 동행 서비스를 제공하고, 연세 많은 어르신들은 직접 에스코트하며, 수술을 앞둔 환자분들의 손을 잡고 격려하는 것처럼 말입니다. 사람과 사람 사이의 '스킨 투 스킨' 접촉이 생각보다 훨씬 중요하다는 것을 절감했어요. 결국 의료의 본질은 아날로그입니다. 저는 디지털을 위한 디지털은 반대합니다. 디지털 전환도 더 나은 아날로그라는 궁극의 목적을 위해 존재하는 훌륭한 도구로서 여겨져야 합니다.

조직문화의 근본적 전환: 환자와 고객의 자리에서

지난 10년간 줄곧 강조해 온 이야기입니다. 저희는 수평적 조직문화로 나아가야 한다고 말해왔지만, 여전히 갈 길이 멀죠. 병원은 수직적 조직문화이어야 한다는 고정관념이나 선입견이 아직도 존재해요. 실제로 의사나 간호사 등 의료진은 학창 시절부터 수련 과정에 이르기까지 줄곧 수직적인 관계 속에서 배우고 일해왔고, 그런 문화가 병원 전체에 자연스럽게 스며든 것이고요. 수직적 문화가 유지되는 배경에는, 병원이 생명을 다루는 곳이기에 작은 실수도 용납될 수 없다는 믿음이 깔려 있습니다. 이제는 그러한 믿음에 대해 비판적으로 성찰해 볼 시점이 온 것 같아요.

병원 문화는 수직적이어야 한다는 믿음은 생각보다 견고합니다. 하지만 여러 저명한 조직 심리 연구 결과들은 수평적 조직문화보다 오히려 수직적 조직문화에서 환자에게 해를 끼칠 수 있는 치명적인 실수나 사건, 사고가 더 자주 발생한다고 지적하고 있습니다. 엄격하고 수직적인 문화 속에서는 구성원들이 자신의 작은 실수를 숨기려 하고, 궁금증이 있어도 질문하기를 두려워하며, 다른 의견을 내는 것에 대해 주저할 수밖에 없어요.

그러다 보니 오히려 실수들이 은폐되고, 침묵이 당연시되면서 문제는 개선되지 않고 쌓이다가 결국 큰 실수로 이어지거나, 누군가 잘못된 지시를 내렸을 때 구성원들이 그것이 잘못된 줄 알면서도 말하지 못해 문제가 더 커지는 일이 발생한다는 거죠. 반면, 수평적인 문화에서는 서로의 실수에 대해 훨씬 더 자유롭게 공유하고, 궁금증에 대해서도 거리낌 없이 물어볼 수 있으며, 다른 의견에 대해 소통할 수 있기에 환자들에게 더 안전한 진료를 제공할 수 있다는 연구들이 많이 진행되었고, 저는 그 결과들이 더 신뢰할 만하고 의미 있다고 생각해요.

그래서 조직문화를 바꾸어 나가는 노력은 너무나도 중요합니다. 환자를 위해서뿐만 아니라, 우리 구성원들을 위해서도 그렇고요. 병원 일 자체가 고되거든요. 아픈 환자들을 치료하고 돌본다는 것은 보통의 에너지로는 어림도 없는 일입니다. 스스로의 행복 에너지가 높지 않거나, 자신이 불행하고 힘들다면 아픈 환자들에게 나뉘줄 에너지가 없는 것은 당연해요. 병원 일은 본질적으로 쉽지 않기에, 의료진이든 직원이든 병원 안에서 일하는 분들이 좀 더 편안하고 행복한 조직문화를 만드는 것이 중요합니다. 사람은 하고 싶은 말을 할 수 있고, 동료들과 편하게 웃으며 일할 수 있을 때 비로소 행복을 느끼죠. 직원분들 이야기를 들어보면 10년 전, 5년 전과 비교했을 때 저희가 점점 수평적 조직문화로 발전해가고 있다는 피드백을 받고 있어요. 저 역시 그렇게 느끼고요. 물론 여전히 부족하고 끊임없이 노력해야 하겠지만요.

제가 늘 강조하는 말이 있습니다. 훌륭한 조직문화를 만드는 것은 우리에게 무언가를 이루기 위한 수단이 아니라, 그 자체가 목적이어야 한다고요.

새로운 세대의 구성원들, 그들과의 공존

병원은 노동집약적인 산업이라 직원들이 정말 많습니다. 재단 전체를 합하면 5천 명이 넘지요. 또 매년 대학을 갓 졸업한 직원들이 입사하다 보니 새로운 인력풀에 대해 생각하지 않을 수 없죠. MZ세대는 이기적이라거나, 야근이나 회식 이야기만 꺼내도 민감하게 반응한다는 식의 이야기는 지나치게 과장된 측면이 있다고 생각해요. 저는 기본적으로 사람의 99.9%는 같다고 믿거든요. 다만 0.1%의 차이가 있을 뿐인데, 그 차이를 과장해서 보면 '다른 사람'처럼 느껴지고, 99.9%의 공통점에 주목하면 동질감을 더 느낄 수 있잖아요. 그런데 지금의 우리가 99.9%의 공통점은 무시한 채, 0.1%의 다른 점만 지나치게 강조하며 세대 갈등을 부추기고 있지는 않은지 생각해 볼 필요가 있어요.

제가 자주 드는 예시로 인간의 유전체가 있습니다. 저와 타인의 유전체는 99.9%가 같고, 단 0.1%만이 다를 뿐이에요. 그러니까 우리는 비슷하면서도 다른 모습인 거죠. 사고방식도 마찬가지입니다. MZ세대가 기성세대에 대해 불만을 가지는 부분들, 과연 우리는 안 그랬었나 하고 되돌아보면 우리도 모두 불만을 가졌던 것들이에요. 합당한 이유 없이 야근하라고 하면 그저 참으면서 일했을 뿐이지, 거기에 대해 불만은 분명히 있었죠. 사실 저희도 2차, 3차까지 회식이 이어지면 집에 가고 싶었거든요. 단지 MZ세대가 0.1% 다른 점이 있다면, 표현하는 방식이 젊은 세대답게 개인의 주장이 좀 더 강해진 것뿐이지, 그걸 완전히 다른 세상 사람들처럼 받아들여서는 안 된다고 생각해요. 그래서 조직 전체에서 우리는 비슷하다, 우리는 거의 99.9%의 동질감을 가지고 있다는 공감대가 형성되어야 이 문제를 잘 품고 갈 수 있을 것 같습니다.

저는 직원들과 직접 마주 앉아 대화하는 자리를 자주 만들어요. 간부들과만 이야기하면, 아무래도 현장의 온전한 목소리를 듣기 어려울 수 있다고 생각하기 때문이죠. 간부들은 중간 관리자로서 현장의 상황을 한번 걸러내고, 재해석해서 정돈된 의견을 전달할 수밖에 없어요. 물론, 그렇게 정리된 정보도 조직 운영에 필요한 부분입니다. 다만, 전달되는 과정에서 어느 정도의 편향은 생길 수밖에 없죠. 때로는 상급자도 사람인지라 듣기에 불편한 내용도 있을 테고, 그러면 보고하는 입장에서는 다음부터 슬쩍 넘어가거나 할 수도 있거든요. 그래서 직원들과 직접 대화하면 현장에서 일어나고 있는 이야기들을 여과 없이 전달해주기 때문에 도움이 많이 돼요. 소위 저희가 말하는 MZ세대들이 더 씩씩하고 가감 없이, 두려워하지 않고 현장의 이야기를 해주는 것이 그들의 장점이죠.

친절은 매뉴얼이 아니다

누가 치료를 담당하느냐, 어느 의사 선생님이 주치의냐, 또 담당 간호사가 누구냐에 따라 환자들이 느끼는 정서적 안정감이나 만족도의 편차가 여전히 큰 것이 사실인 듯해요. 고객들이 좋은병원들에 입원하면, 의료진이나 직원 누구에게서든 적어도 이 정도 수준의 정서적 지원은 받을 수 있다고 느끼게 만드는 일은 결코 쉽지 않지만, 그럼에도 계속해서 노력하고 있습니다. 예를 들어, 고객을 응대하거나 환자를 돌볼 때 지켜야 할 매뉴얼과 지침이 있어요. 그런 시스템을 통해 최소한의 기준은 모두가 지킬 수 있도록 계속 직원들과 대화하고 교육하고 있고요. 물론, 그것은 최소한의 기준일 뿐입니다. 그 기준을 지키는 것만으로도 큰 노력이 필요하지만, 그 이상으로 나아가기 위해서는 결국 조직문화의 변화가 필수적이라고 생각해요. 타인에 대한 '친절함'이라는 것은 생각해 보면 정말 어마어마한 선행이지 않습니까? 그런데 이 친절을 매뉴얼만으로 실현할 수 있을까요? 매뉴얼이 있다 하더라도, 그것을 실천하는 말투와 표정, 태도 하나하나가 얼마나 큰 차이를 만드는지 저희는 잘 알고 있잖아요. 그래서 진정한 친절을 위해서는 매뉴얼을 넘어, 조직문화 전반에 대해 끊임없이 이야기하고 함께 바꾸어 나가려는 노력이 꼭 필요하다고 생각합니다.

친절은 매뉴얼이 아니라는 거죠. 제가 친절해지고자 하는 마음이 있다면, 병원에서 정해놓은 매뉴얼이 없더라도 상대방은 그 마음을 느낄 수밖에 없어요. 그럼에도 매뉴얼이 필요한 이유는 분명히 있습니다. 누구나 기본적으로 지켜야 할 말투나 표현, 태도가 있으니까요. 하지만 그것만으로는 여전히 부족해요. 고객에게 감동을 주고, 저희 자신도 행복한 병원 생활을 하기 위해서는, 결국 조직문화가 일상 속의 자연스러운 공기처럼 스며들어 있어야 합니다. 예를 들어, 신입 직원이 어떤 부서나 병동에 배치됐는데, 그곳의 선임자 모두가 환자와 보호자에게 밝은 표정으로 인사하고 따뜻하게 대한다면, 자연스럽게 그 분위기를 따라가게 될 거예요. 그것은 너무나 쉬운 일이죠. 반대로, 모두가 무뚝뚝하고 딱딱하다면 저 혼자 친절하고 밝은 마음을 유지하기란 세상에서 제일 힘든 일이 되는 겁니다. 그래서 조직 전체의 공기를 바꾸는 노력이 필요해요. 그렇게 하려면 끊임없는 대화와 성찰이 함께 이루어져야 할 거고요. 지금 당장 진료 성과에 도움이 되지 않을 수도 있고, 병원 실적을 곧바로 높이는 일은 아닐지 모르지만요.

의사와 경영자, 두 역할 사이에서

지금은 진료와 병원 경영 업무를 병행하고 있지만, 완전히 분리해서 수행하기는 어려워요. 진료 중간중간에도 틈틈이 보고를 받고, 급한 일은 이메일이나 메신저를 통해 소통하죠. 의사로서 진료를 보는 것은 병원 경영에도 분명히 도움이 됩니다. 제가 경영학 학위를 받고 경영 컨설팅 회사로 갔을 때는, 병원에 돌아가면 의사가 아닌 전문 경영인으로 일하겠다는 목표를 가지고 있었어요. 그런데 병원에 복귀할 때는 결국, 다시 진료도 시작하게 되었습니다. 그때는 그런 분위기였어요. 사실은 회장님의 지시이기도 했죠. 의사로서 진료도 하고 당직도 서야 한다는 회장님 나름의 철학이 있으셨던 겁니다. 그래서 좋은문화병원에 입사하기 전에 일본에서 가장 큰 난임병원 두 곳에서 연수 과정도 밟았어요. 처음 몇 년간은 난임 진료, 분만, 야간 당직을 가리지 않고 정말 열심히 했습니다. 한 달에 일주일 정도를 병원에서 자고, 당직 다음 날도 휴식 없이 진료를 봤으니까요. 그렇게 한 5년 정도 하니 몸에 무리가 오기 시작하더라고요.

그래도 그렇게 했던 시간들이 말 할 수 없이 정말 큰 도움이 되었어요. 무엇보다 진료 그 자체가 주는 보람과 즐거움이 컸습니다. 실제로 환자를 보면서 진료 현장에서 제가 느끼는 바도 많았고, 그것이 결국 경영에 반영되기도 했고요. 그리고 무엇보다 소통이 훨씬 편해졌다고 생각해요. 특히 다른 동료 의사 선생님들과 같은 의사의 입장에서 이야기할 수 있다는 점이 참으로 컸다고 생각합니다.

다만 갈수록 병원 경영자로서의 역할이 늘어나면서 물리적인 시간이 부족해져 진료를 줄여나갈 수밖에 없는 상황이고, 결국은 진료를 완전히 그만두게 되는 날이 올겁니다. 지난 세월 동안 제가 의사로서 진료를 열심히 본 것에 대해서는 스스로 아주 잘한 선택이었다고 여깁니다. 진료라는 것은, 의사가 환자 앞에 서면 병원에 그 어떤 중대한 일이 발생하더라도 제 앞에 있는 환자가 우선이 돼요. 그것을 벗어날 수가 없는 거죠. 지금은 균형을 맞추기 위해서 시간 분배에 많은 신경을 쓰고 있습니다.

환자들과의 인연, 의사로서의 축복

저는 난임 치료를 하는 의사이기 때문에 환자분들과의 희노애락을 나눈 사연들이

참 많아요. 만약 제가 평생 진료하는 의사로 살아야 하는 운명이었다면, 정말 행복하게, 더 열심히 진료하는 좋은 의사가 될 수 있었을 것이라고 생각할 정도로 저는 진료가 좋았습니다. 왜냐하면 진료는 저의 실력과 노력, 그리고 진심을 환자분들에게 직접적으로 전달해드릴 수 있다는, 저로서는 엄청나게 감사한 행위라고 느꼈거든요.

기억에 남는 환자분들도 참 많은데, 정말 힘들게 임신에 성공하셨던 분들이 특히 더 오래도록 마음에 남아 있어요. 다른 병원들에서 절대 안 된다는 이야기를 들었는데, 저희 병원에 오셔서 저를 만나 이런저런 새로운 시도를 통해 그야말로 기적과 같이 임신에 성공하신 분들이 계시거든요. 그럴 때면 정말이지, 세상 무엇과도 바꿀 수 없는 행복을 느낍니다. 그런 경험을 했다는 것 자체가 제 인생에 있어서는 참으로 큰 복이라고 생각해요. 길을 가다 보면 저를 통해 임신을 하고 출산을 하셨던 분들을 종종 마주칩니다. 백화점에서 만나기도 하고, 길거리에서 우연히 만나기도 하죠. 그러면 "그때 선생님이 만들어 준 아이예요"라고 말씀하세요. 너무 과분한 말씀이지요. 그럴 때마다 참으로 특별한 인연이라는 생각이 듭니다.

경영의 언어, 의료의 언어

결국 모든 말이 같은 사람의 입에서 나오는 것이니 큰 차이가 있겠냐 싶지만, 그래도 말에는 언제나 목적이 있다고 생각하고, 저는 그 목적에 맞는 언어를 사용해야 한다고 봐요. 환자를 대할 때는 환자분들이 잘 이해할 수 있는 말로 설명을 해드려야 하죠. 저는 난임 치료를 하니까, 정서적으로 위로하고 격려하는 말을 많이 건네야 하고요. 그래서 의사로서는 훨씬 더 부드러운 말을 쓰는 것 같아요.

반대로 직원들과 회의를 하거나 할 때는 그 목적이 또 다르지 않습니까. 아무래도 조금 더 딱딱해지기 마련이죠. 그런데 저는 회의에서도 '재미'를 중요하게 생각해요. 왜냐하면 재미가 있어야 능률이 오르고, 거기에서 창의적인 생각도 나올 수 있다고 믿기 때문입니다. 그 재미라는 것이 꼭 큰 웃음을 주는 것은 아닐지라도, 적어도 회의에 참석하는 사람들이 '그 지겨운 회의 또 들어가야 하나' 하는 마음보다는 '이번엔 어떤 이야기들이 오갈까' 하는 기대를 품고 들어올 수 있도록 하고 싶거든요. 그러려면 결국 제가 먼저 회의를 재미있게 만들어야 하는데, 그게 말처럼 쉽지는 않아요.

저 혼자 열심히 한다고 되는 일이 아니라, 구성원들도 그런 생각을 함께 가져야 하죠. 하지만 모두가 그렇게 생각하기는 어렵잖아요. 그래서 저는 좀 더 편안하고, 어떤 형태의 재미인지는 규정할 수 없지만, 대화가 자연스럽고 흥미롭게 이어질 수 있는 분위기를 어떻게 만들지 늘 고민합니다. 일과 결부된 재미가 있어야 그 일을 오래 할 수 있고, 그러다 보면 일의 의미를 찾고 일을 통해 성장할 수 있다는 원칙에 대한 신념을 가지고 있어요. 그래서 신입사원들에게도 자주 말합니다. '첫해에 제일 신경 써야 할 것은 재미다, 일이 힘들겠지만 그 안에서 재미를 찾아야 한다'라고요. 간부들에게도 항상 당부하는 부분이기도 하고요. 일을 가르치는 것도 중요하지만, 재미를 찾게 해주라는, 어쩌면 꽤 어려운 주문을 하는 셈이죠.

말에서 시작되는 의료와 경영

제 입장에서는 말할 일이 많다 보니, 어떻게 말해야 할지에 대해 늘 고민하게 돼요. 저는 말을 특별히 잘하는 사람은 아닙니다. 타고난 언변이 있는 것도 아니고요. 그럼에도 적절하게 말을 하기 위해서는 어떻게 해야 할까를 생각해 봤을 때, 저는 두 가지를 염두에 둡니다. 하나는 저의 자극과 반응 사이에 일종의 공간을 두려고 하는 거예요. 회의를 할 때나 직원들을 대할 때, 어떤 자극에 대해 제가 즉각적으로 반응하면 늘 아쉬운 말을 하게 되거나 정제되지 않은 말을 내뱉게 되죠. 나중에 후회할 표현이 나올 가능성이 크지 않습니까. 때로는 완전히 다른 이야기를 하게 되기도 하고요. 그래서 이런저런 자극과 저의 반응 사이에는 항상 작은 공백이나 시차를 두기 위해 주의를 기울이고 있어요. 실제로도 제가 바로 말을 하는 것보다는 조금 생각하고 말하거나, 아니면 지금 말하려던 것을 아주 나중으로 미뤄서 말해보면, 어투 같은 단순한 차이가 아니라 완전히 다른 결론에 이르기도 하더라고요. 대부분은 여유를 두었을 때 좀 더 현명한 말을 하게 되는 것 같아서 그렇게 하려고 노력 중입니다.

두 번째로 중요한 것은 조금 이론적인 이야기일 수도 있지만, 아리스토텔레스가 말한 '설득의 3요소'라는 것이 있어요. 에토스, 파토스, 로고스라고 하지 않습니까. 로고스는 논리인데, 사람들은 그것이 사실이냐 아니냐를 너무 많이 따지곤 하죠. 하지만 실제로는 그것이 설득의 3요소 중에서는 가장 '힘'이 약한 것이라고 해요. 더 중요한 것은 파토스입니다. 감정적으로 공감대를 불러일으키고, 상대방이 저를 좋아하고 조금이라도 존경하는 마음이 있어야 제 말이 설득력을 가질 수 있거든요. 그래서 제가 설득해야 할 대상인 사람들이 저에 대해서 호감을 느끼고 좋아하게 만들어야겠다고 생각해요. 그 다음으로 에토스는 윤리적인 부분입니다. 만약 제가 정직하지 않고 윤리적으로 문제가 있다면, 제아무리 바른 소리를 해도 통하지 않겠지요. 에토스, 파토스 그리고 로고스 모두를 갖춘 사람, 그런 설득을 할 수 있는 사람이 되고자 합니다.

새로운 기술이 뿌리내릴 토양을 일구다

병원이 빠르게 변화하는 기술 환경에 현명하게 대응하는 것은 결코 쉽지 않은 문제예요. 왜냐하면 병원은 우리나라 제도권 의료를 시행하는 기관이지 않습니까. 즉, 나라에서 이렇게 저렇게 치료하라고 하는 가이드라인이 아주 명확하게 정해져 있고, 그 안에서 움직여야 하므로 일반 기업들처럼 시장의 틀을 깨는 혁신적인 시도를 하기는 어렵거나, 매우 비효율적일 수밖에 없는 조직적 특성이 있어요. 그것을 이해하는 것이 우선 필요하죠.

하지만 그럼에도 불구하고, 그 안에서 어떻게 앞서 나갈 수 있을지를 늘 고민합니다. 저는 우리 좋은병원들이 매년 발전하고 앞서가는 병원이 되어야 한다는, 어쩌면 강박에 가까운 생각을 하고 있기 때문에 늘 새로운 기술을 적극적으로 도입하고자 해요. 크게 두 가지로 나눌 수 있는데, 하나는 장비나 치료법처럼 직접적으로 의료에 적용되는 분야입니다. 이러한 의료 기술은 '돈만 있다면' 도입 결정이 비교적 쉬운 편이에요. 저희는 매년 새로운 장비나 치료법을 빠르게 도입해오고 있습니다. 최소침습수술도 국내에서 가장 이른 시기에 시작했고, 로봇수술도 지역의 2차 병원으로서는 선도적인 성과를 내고 있다고 자부해요. 대학병원의 치료 영역이라 여겨져 왔던 암치료 분야에도 매우 적극적인 육성과 투자를 하고 있습니다.

두 번째로, 최근 5년 사이에 새롭게 고민해야 할 화두로 떠오른 AI를 포함한 각종 디지털 전환 관련 기술들입니다. 사실 병원은 이 영역에서 어떤 방향으로 변화해가야 할지 고민이 깊어요. 왜냐하면 아직 과거의 레퍼런스를 통해 검증된 정답이 없기 때문이죠. 분명한 것은, 방향은 이미 정해져 있다는 사실입니다. 그래서 스스로의 길을 개척해나가야 한다고 생각해요.

저희 좋은병원들은 그래도 우리나라 병원 중에서는 가장 얼리어댑터라고 자부합니다. 새로운 기술이 나오면 관련 업체와 미팅을 하고, 그것이 실제로 도움이 될 수 있겠다고 판단하면 접목을 시도해보죠. 위험하지 않은 기술들은 완제품이 아니더라도, 중간 개발 단계의 솔루션을 기업들과 함께 테스트하고 협업하는 경우도 있어요. 이 정도 규모의 의료재단을 운영하고 있다면, 단지 치료를 제공하는 병원에 머물지 않고, 대한민국 헬스케어 산업 생태계의 발전에도 기여해야 한다고 생각합니다. 산업이 성장하려면 병원과 기업이 협력해서, 실제 진료 현장에서 함께 기술을 개발하고, 필요한 데이터를 기업에 제공하는 실질적인 협업 과정이 반드시 필요하거든요.

그런데 대학병원은 의사결정 구조가 복잡하고, 또 다른 병원들은 이러한 부분에 관심이 없거나, 어떤 병원들은 규모가 너무 작아서 이런 시도를 해볼 엄두를 내지 못하는 상황이에요. 그런 점에서 저희와 같은 병원이 아주 좋은 파트너가 될 수 있는 거죠. 저 역시 이 분야에 관심이 많고, 관련 업계 관계자들과의 네트워크도 있어서 다양한 시도들이 일어나고 있는데, 일부는 의미 있는 결과를 얻었고, 일부는 시행착오를 겪으며 방향을 조정하는 중입니다.

급진적 미래와 병원의 미래

미래 의료의 가장 큰 흐름은, 어쩌면 조금 급진적인 이야기로 들릴 수 있지만, '병원을 없애자'는 명제로 요약될 수도 있겠어요. 병원에서 이루어지던 많은 진료가 이제는 가정으로 옮겨가야 한다는 흐름입니다. 지나치게 의사에게 집중된 의료 권한을 시민들에게 점차 이양해야 한다는 것이 미래 의료의 가장 큰 방향성이거든요. 지금은 의사들이 개인의 의료 행위에서 거의 모든 권한을 가지고 있지 않습니까. 의사가 처방하지 않으면 약을 쓸 수 없고, 수술을 해주지 않으면 받을 수 없는 것이 현실이죠. 물론 전문적인 영역이 당연히 필요하지만, 이로 인해 의료비가 상승하고 접근성 또한 떨어지는 문제가 발생하게 된 거예요. 특히 미국에서는 이러한 상황에 대해 이대로는 답이 없다는 인식이 확산되고 있습니다. 결국 의료가 각자의 집으로, 개인의 영역으로 이동해야 한다는 흐름 속에서 디지털 혁명이 일어나면서 그 가능성이 보이기 시작한 거죠. 병원의 입장에서는 그런 흐름이 결코 반갑지만은 않은데, 이 변화를 주의 깊게 관찰하며 저희 병원이 어떻게 변모해야 할지 계속해서 살펴보고 있어요.

그럼에도, 지금 우리가 서 있는 자리에서

그럼에도 불구하고, 핵심은 결국 더 좋은 병원을 만드는 것이라고 생각해요. 저희 병원이 의료의 질과 서비스 수준을 한층 높여 지역 주민들이 이 지역 안에서 수준 높은 진료를 받을 수 있도록 하는 것이 가장 중요한 공헌이라고 생각합니다. 은성 의료재단은 비영리 법인이기 때문에 병원이 성장한다는 것은 특정 개인이 부를 축적한다는 의미가 아니에요. 그것은 곧 지역 주민들의 의료의 질, 나아가 삶의 질을 높이는 사업이라고 생각하며, 그러한 방향으로 나아가는 것이 무엇보다 중요하다고 믿습니다. 그것이 이 일이 가지고 있는 가장 아름다운 부분이라고 생각해요.

그리고 의료 외의 분야에서 저희가 무엇을 사회에 공헌할 수 있을지에 대해서는 시대마다 조금씩 다르게 접근하고 있어요. 제가 가지고 있는 사회 공헌의 철학은 수혜자들에게 실질적으로, 정말로 도움이 될 수 있는 사업을 하는 겁니다. 그저 의례적인 사회공헌 활동도 많지 않습니까? 하지만 그런 것보다는 받는 사람의 입장을 깊이 고려하고, 함께 토론하며 기획한 사회공헌 활동들이 훨씬 더 그들의 인생을 조금이라도 긍정적으로 변화시킬 힘이 있다고 생각하거든요.

지금 저희가 집중하고 있는 것은 다문화 가정 아동들을 위한 교육 분야에 대한 지원 활동이에요. 단순히 기부를 하는 개념이 아니라, 그분들에게 정말로 무엇이 필요한지에 대해 당사자들과 직접 만나서 이야기하고, 또 그분들을 담당하는 다문화 센터 직원들과도 정기적으로 만나서 소통합니다. 같은 예산을 사용하더라도 실질적인 도움을 줄 수 있도록 고민해 왔고, 그런 노력의 보람도 분명히 느끼고 있어요. 실제로 도움이 되었다는 피드백을 많이 받거든요. 그런데 1년이 지나고 나서, 예를 들어 저희가 5개의 사업을 진행했다고 했을 때, 그중 하나 정도는 '별로 도움이 되지 않은 것 같다'고 냉정하게 판단하는 경우도 있습니다. 그럴 때는 과감히 수정하고, 그런 과정을 거치며 사회공헌 활동도 계속해서 발전해 가고 있어요. 첫 번째는 이 시대, 이 지역사회에 지금 무엇이 가장 필요한가에 대한 고민, 두 번째는 대상이 되는 분들에게 어떻게 하면 실질적으로 도움이 될 수 있을까에 대한 고민을 치열하게 하고 있습니다. 기업의 사회 공헌 활동도 '이윤'을 내는 사업은 아니지만 '변화와 성과'를 내야지요.

200년을 쌓아온 좋은병원들의 시간들

우리나라 의료계 역사를 찬찬히 살펴봐도 저희 은성의료재단과 같은 사례는 찾아보기 어려워요. 그토록 오랜 세월 동안 필수 의료를 기반으로 하여, 지역에 깊이 뿌리내린 전통적인 병원업을 이어오며 이 정도 규모로 지속 가능한 발전을 이뤄낸 병원이 또 있느냐고 묻는다면, 사실상 없다고 할 수 있습니다. 겉으로는 잘 드러나지 않을지 모르지만, 업계 안에서 보면 저희 재단 병원들이 걸어온 길은 상당히 돋보이고, 또 독보적이에요. 이런 이야기를 저희 구성원은 물론, 시민들께도 꼭 알리고 싶습니다.

동시에, 저희는 어떻게 그런 길을 걸어올 수 있었을까. 어떤 특별함이 있었기에 그런 족적을 남길 수 있었을까를 한 번쯤 정리해 볼 필요가 있다고 생각해요. 물론 저희가 알 수 없는 어떤 힘이 작용했을 수도 있고, 시대적 흐름이나 운이 따랐을 수도 있죠. 그런 여러 외부 요인이 있었겠지만, 저희 재단 안에 내재한 역량이 있었기에 이런 특출한 성장을 이뤄낼 수 있었다고 믿습니다.

저는 그 핵심을 세 가지로 정리할 수 있을 것 같아요. 가장 기본적인 첫 번째는 '정도 경영'입니다. 설립자 두 분은 오랫동안 한결같이 정도를 걸어오셨다고 생각해요. 한눈팔지 않고 좋은 병원을 만들기 위해서만 노력해 오셨고, 또 병원에서 발생한 수익을 외부에 돌리지 않고 병원에 온전히 재투자해 온 점도 큰 힘이 되었다고 봅니다. 두 번째는 현장 중심의 실행력이에요. 병원은 현장에서 직접 경영하고 실행해야 한다는 철학을 꾸준히 강조해 왔고, 환자분들이 겪는 불편함이나 개선이 필요한 점들을 현장에서 직접 찾아내 끊임없이 바꿔온 노력이 큰 역할을 했다고 생각합니다. 세 번째는 인구 구조와 제도의 변화처럼 사회 전반의 큰 흐름 속에서도 시대의 변화에 저항하지 않고, 유연하게 대처하며 혁신을 이어왔다는 점이고요. 이 세 가지가 좋은병원들이 성장해 온 가장 큰 원동력이라고 생각해요.

그렇다면 앞으로도 같은 성장을 이어가기 위해서는 무엇이 필요할까요? 70년, 80년, 나아가 100년 동안 지속적으로 성장하는 병원이 되기 위해서는 무엇이 필요할지 고민해 보아도, 결국 그 세 가지 원칙은 변하지 않는 것 같습니다. 초심을 잃지 않고 정도를 걷는 것만큼 중요한 일은 없다고 생각해요. 무엇보다 병원은 현장이기 때문에, 지금 이 자리에서 직접 실행해 나가는 노력을 잃지 말아야겠다고 다시금 다짐하게 됩니다.

마지막으로, 디지털이든 AI든, 변화하지 않으면 결국 도태될 수밖에 없어요. 그래서 앞으로도 변화에 유연하게 대응하고, 때로는 어려움이 따르더라도 혁신을 멈추지 않겠다고 다짐합니다. 그리고 무엇보다, 좋은병원들이 걸어온 시간처럼 앞으로도 흔들림 없이 시민들의 삶 곁을 지키며 의료의 본질을 이어가겠습니다.

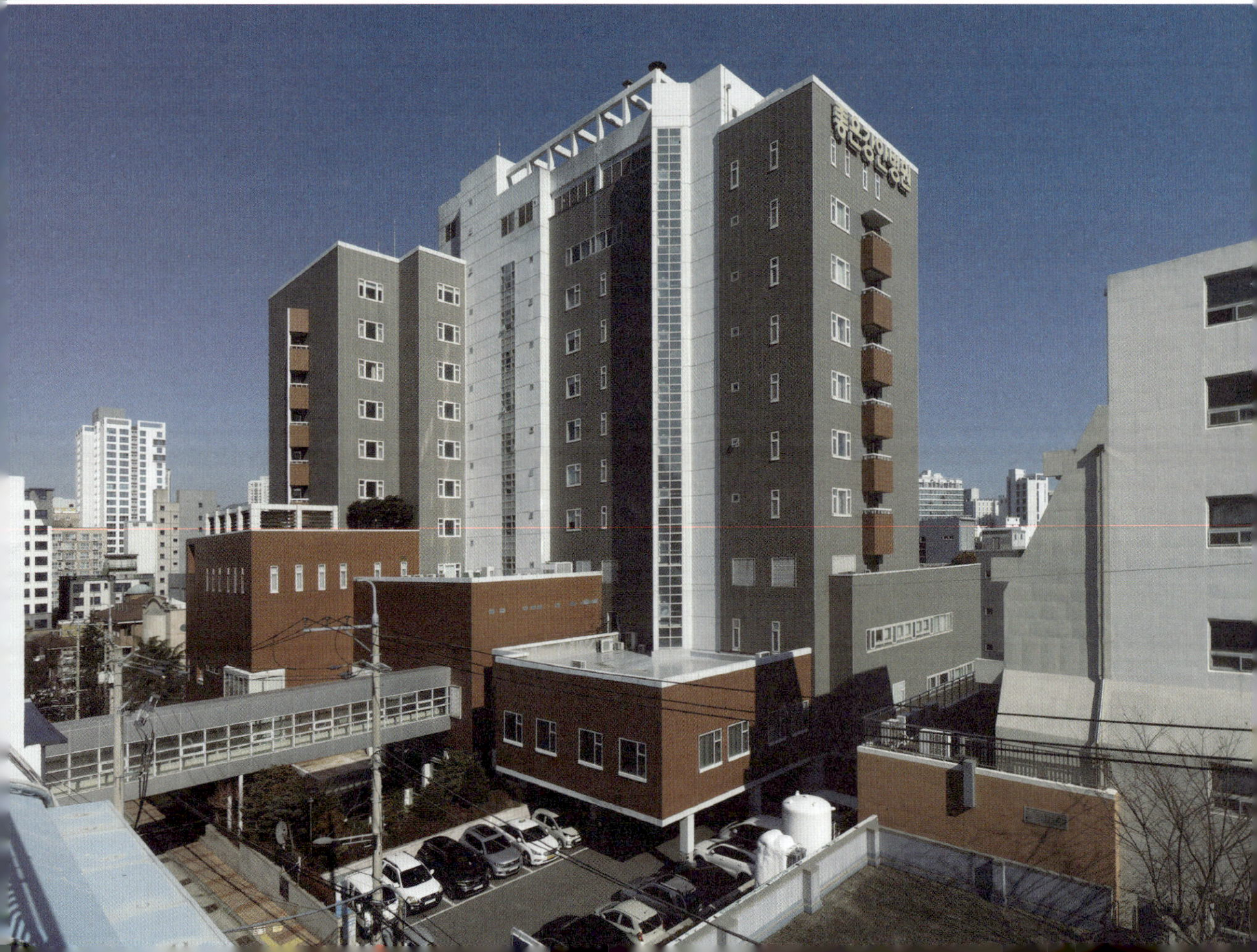

종은삼청병원
주차장
총순리버뷰요양병원
주차장 입
Tel.995-09
총은실린병원

좋은강안병원
GOOD GANG-AN HOSPITAL
특수운동치료센터 
소아청소년과
소아알레르기호흡기
소아소화기영양
소아심장

좋은강안병원 신관
건강증진센터·암센터
인공신장센터

좋은사랑요양병원

발행처 / 좋은병원들

발행인 / 구자성

발행일 / 초판 1쇄 2025년 6월 15일

원고진행 / 김만석

사진 / 이인미, 좋은병원들

디자인 / 김철진

제작 / 비온후

ISBN 979-11-983983-6-9 03320

책값 / 20,000원

본 책자의 내용이나 그림을 무단으로 사용하실 수 없습니다.